## 실내건축기사 산업기사 실기대비 수험서
# 실내건축시공실무
### Engineer/Industrial Engineer Interior Architecture

이 상 화 지음

기본 원리부터 정답에 이르기까지 명확하고 풍부한 해설을 통해 자신감은 물론
모든 문제에 탄력적으로 대응할 수 있는 능력을 키워줍니다.

속성준비 수험생을 위한 **압축핵심정리**
다년간 높은 합격률로 강의해 온 **저자 직접 집필**
새로운 유형에 따른 저자의 **질의 응답**

도서출판 엔플북스

국립중앙도서관 출판시도서목록(CIP)

실내건축시공실무 = Engineer/industrial engineer interior architecture : 실내건축기사 산업기사 실기대비 수험서 / 이상화 지음. -- 4판. -- [구리] : 엔플북스, 2018
p. 260 ; 1.2cm

표제관련정보: 한국 산업인력공단 실기시험 집중 대비서
ISBN 978-89-6813-211-7 13540 : ₩24000

실내 건축 기사[室內建築技士]
실내 건축 산업 기사[室內建築産業技士]
실내 건축 시공[室內建築施工]
548.95077-KDC6
729.24-DDC23                                    CIP2017027559

# 머리말

 실내건축기사 및 실기시험에서 실시하는 시공실무는 필기시험에 비해 과목은 적지만 주관식 시험이며 심화내용을 다루기 때문에 상당한 깊이의 학습을 해야 고득점을 얻을 수 있습니다. 그러므로 시공 세부사항, 적산, 공정, 품질관리 등의 각 특성에 맞는 학습이 필요하며 단순 암기가 아닌 전공실무에 대한 충분한 이해가 있어야 하는 점을 명심해야 합니다.

 저자는 다년간의 실무경험과 학원 강의 경력을 바탕으로 하여 전공자는 물론 비전공자 역시도 단기간에 효과적으로 핵심내용을 학습할 수 있는 교재를 만들고자 노력했습니다.

본 교재는

첫째, 방대한 내용의 시공실무를 시험에 꼭 필요한 기초적인 핵심 실무지식을 단기간에 얻을 수 있도록 간추려 정리했습니다.

둘째, 각 단원별로 내용학습에 맞는 기출문제를 연결 정리하여 암기와 이해를 빠르게 가져갈 수 있도록 하였습니다.

셋째, 실내건축 시공실무의 특성상 출제되지 않았던 새로운 문제들은 건축기사 실기에서 기출제되었던 문제들이 대부분이므로 아직 실내건축 시험에서는 출제되지 않은 예상문제를 건축으로 표시하여 함께 수록했습니다.

넷째, 여타의 교재와 똑같은 순서, 편집방식을 택하지 않고 학습효과에 연결성을 고려하여 각 단원에 개별적으로 해당 적산내용을 수록하는 등 차별성을 두었습니다.

 본 교재의 출판에 이르기까지 많은 정성을 기울여주신 엔플북스 김주성 대표님 이하 관계자 여러분께 감사드리며 해마다 내용을 보완하고 추가하여 자격증 시험을 앞둔 수험생 여러분에게 큰 도움이 될 수 있는 책이 되도록 모든 노력을 다할 것임을 약속드립니다.

저자 이상화 드림

# 차 례

### 제1장 건축실무 개론 / 11

1. 총론 ································································································· 11
2. 적산 일반사항 ··················································································· 13
3. 수량 산출 적용기준 ············································································ 14
□ 기출 및 예상문제 ··············································································· 16

### 제2장 가설공사 / 21

1. 가설공사 ··························································································· 21
2. 비계 ································································································· 22
3. 비계면적 ··························································································· 25
□ 기출 및 예상문제 ··············································································· 27

### 제3장 조적공사 및 돌공사 / 37

1. 벽돌공사 ··························································································· 37
2. 블록쌓기 ··························································································· 43
3. 돌공사 ······························································································ 47
4. 테라코타 ··························································································· 49
□ 기출 및 예상문제 ··············································································· 50

## 제4장 목공사 / 73

1. 일반사항 ················································································ 73
2. 목재의 성질 ··········································································· 74
3. 목재의 건조, 방부, 방염 ······················································ 75
4. 철물 및 교착제 ····································································· 76
5. 가공 ························································································ 77
6. 접합 ························································································ 79
7. 세우기 ···················································································· 82
8. 목공사 적산 ··········································································· 84
□ 기출 및 예상문제 ································································ 86

## 제5장 방수공사 / 107

1. 분류 ······················································································ 107
2. 아스팔트 방수 ····································································· 108
3. 시멘트 액체 방수 ······························································· 110
4. 도막방수 ·············································································· 111
5. 시트방수 ·············································································· 112
6. 실(seal)재 방수 ··································································· 114
7. 벤토나이트 방수 ································································· 115
□ 기출 및 예상문제 ······························································ 116

## 제6장 미장 및 타일공사 / 121

1. 미장공사 ·············································································· 121
2. 타일공사 ·············································································· 124
□ 기출 및 예상문제 ······························································ 128

## 제7장 창호 및 유리공사 / 145

1. 창호공사 ··············································· 145
2. 유리공사 ··············································· 147
3. 기타 용어 ············································· 150
□ 기출 및 예상문제 ································· 151

## 제8장 도장공사 / 165

1. 일반사항 ··············································· 165
2. 수성페인트 ··········································· 166
3. 유성페인트 ··········································· 166
4. 바니시 ··················································· 167
5. 합성수지 도장재료 ······························· 169
6. 특수도장 ··············································· 169
7. 칠 공법 ················································· 171
8. 각종 바탕만들기 ··································· 171
9. 칠하기 순서 ········································· 172
10. 기타 주요사항 ····································· 173
□ 기출 및 예상문제 ································· 174

## 제9장 합성수지공사 / 187

1. 일반사항 ··············································· 187
2. 열가소성 수지 ······································· 189
3. 열경화성 수지 ······································· 190
4. 접착제 ··················································· 191
□ 기출 및 예상문제 ································· 193

## 제10장 금속재료 및 내장공사 / 197

1. 건축재료의 분류 ·················································· 197
2. 금속재료 ······························································ 198
3. 도배공사 ······························································ 201
4. 석고보드 공사 ····················································· 203
5. 커튼공사 ······························································ 204
6. 경량철골 반자틀 ················································· 205
□ 기출 및 예상문제 ··············································· 207

## 제11장 공정관리 / 221

**1** 공정계획 ································································ 221
1. 정의 ······································································ 221
2. 공정표의 종류 ···················································· 221

**2** 공정계획 ································································ 224
1. 용어 및 개념 ······················································ 224
2. 공정표 작성 ························································ 226
3. 공기단축 ······························································ 234
□ 기출 및 예상문제 ··············································· 236

## 제12장 품질관리 및 재료검수 / 261

1. 관리의 내용 ························································ 261
2. 재료검수 및 관리 ············································· 264
□ 기출 및 예상문제 ··············································· 266

# 실내건축기사 · 산업기사

실내건축시공실무

## 제1장 건축실무 개론

# 1. 총론

### 1) 건축시공의 의의

건축의 3대 요소인 구조와 기능, 미를 갖춘 건축물을 양질의 재료를 사용하여 정확한 설계도에 따라 최적시간 내에 최적의 비용으로 좋은 건축물을 완성하는 일체의 기술적, 생산적 및 예술적 활동을 말한다.

### 2) 건축시공의 현대화를 위한 요소(현대화의 3S)

단순화(Simplification), 전문화(Specialization), 규격화(Standardization)

 기타 현대화 요소 : 시공의 기계화, 건식화, 기술개발, 도급의 근대화
Q.T.C(Quality, Quantity, Time, Cost)의 만족

### 3) 공사관계자

① 건축주(owner, client) : 자금의 주체이자 도급의 주문자, 혹은 시행자를 뜻한다.
② 설계자(designer) : 건축물의 설계를 담당하며 도면을 작성한다.
③ 감리자(supervisor) : 설계에 맞는 시공을 감독, 관리하는 사람으로 설계자가 겸하기도 한다.
④ 관리자(manager) : 시공의 총 책임자 또는 건축주나 도급자에게 고용되는 현장소장, 관계시술자 등
⑤ 도급자(contractor) : 원도급자, 재도급자, 하도급자 등으로 분류된다.
⑥ 노무자(laborer) : 공사현장에 참여하여 노동을 하고 보수를 받는 사람(직영, 정용, 임시고용)

### 4) 도급

공사발주자가 제시한 설계도서에 따라 공사를 맡아 시공하고 발주자에게 비용을 받는 형태의 공사계약

① 도급의 주체별 분류

가. 원도급자(main contractor)
건축주와 직접 도급 계약. 현장시공업무를 책임지고 시행한다. 일반적으로는 공종별로 다시 하도급자에게 시공을 맡기고 총감독을 한다.

나. 재도급자(recontractor)
도급공사의 전부를 원도급자에게 도급받아 공사를 시행. 현 건설법상 공사의 일부를 인정범위에서 재도급으로 할 수 있다.

다. 하도급자(subcontractor)
직능, 직종별로 전문업자가 원도급자에게 도급을 받는다.

② 도급 계약제도의 종류

가. 직영공사
건축주가 직접 계획을 세우고 일체의 공사를 건축주 책임으로 시행하는 방식으로 수속이 간단하며, 직접 공사를 관리, 감독함으로써 확실한 공사를 할 수 있으나 사무가 복잡하고 예산상 차질이 생기거나 비전문성으로 인한 손해 발생이 우려된다.

나. 도급공사의 종류
㉠ 일식도급 : 하나의 공사 전체를 도급업자에게 맡기는 방식
㉡ 분할도급 : 공사를 각 전문분야(전문공종, 공정별, 공구, 직종 등)별로 따로 도급자를 선정하는 방식
㉢ 공동도급 : 2개 이상의 건설회사가 공동출자해서 기업체를 조직하여 공사를 맡고 공사가 끝난 후 해산하는 방식으로 미국에서 발달하였다.

> 페이퍼 조인트(Paper joint) : 명목상으로는 2개 이상의 회사가 공동출자하지만 실제로는 한 회사가 공사를 진행하고 지분 등에 의해 이윤만을 분배하는 형식으로 일종의 편법이다. 이런 사례가 발생하는 것은 지역업체와 의무적으로 공동도급을 해야 하거나 시공능력의 격차 또는 도급한도액의 합산적용 등의 이유 때문이다.

다. 공사비 지불방식별 분류
㉠ 정액도급 : 공사비 총액을 확정 후 경쟁입찰을 통해 최저입찰자와 계약하는 방식
㉡ 단가도급 : 단위공사별 단가를 확정하고 계약을 체결하는 방식
㉢ 실비정산식 도급 : 공사실비를 정산 후 보수율에 따라 도급자에게 보수를 지급

## 5) 시방서(specification)

계약서류, 설계도면 등에 표기하기 곤란한 공사관련 사항과 건축물의 규격, 품질 및 시공법, 자재 등의 내용을 서술한 설계도서로서 공사의 세부적 지침이 된다.
- 내용별 분류 : 기술시방서, 일반시방서
- 목적별 분류 : 공사시방서, 안내시방서, 표준규격시방서, 약술시방서
- 작성법별 분류 : 표준시방서, 특기시방서

# 2. 적산 일반사항

## 1) 적산과 견적

① 적산 : 공사에 필요한 공사량(재료, 품)을 산출하는 기술 활동이다.

② 견적 : 산출된 공사량에 적정 단가를 설정하여 곱한 후, 합산하여 총 공사비를 산출하는 기술활동으로 공사개요 및 기일, 기타 조건에 의하여 달라질 수 있다.

## 2) 견적(적산)의 종류

① 명세 견적(적산)
  설계도서(도면, 시방서), 현장설명서, 구조 계산서 등에 의거하여 가장 정확하고 정밀하게 공사비를 산출하는 방법

② 개산 견적(적산)
  기 수행된 공사의 자료, 통계치, 경험, 실험식 등에 의하여 개략적으로 공사비를 산출하는 방법
  ㉠ 단위수량에 의한 방법 : 단위면적, 단위체적, 단위설비에 의한 개산 견적
  ㉡ 단위비율에 의한 방법 : 가격 비율, 수량 비율에 의한 개산 견적
  ㉢ 부위별 개산 견적 : 건축물을 일정한 형식에 의거 부위별로 나누고 그 부위를 구성하고 있는 요소마다 가격을 결정하여 개략적 공사비를 산출

### 3) 견적 순서

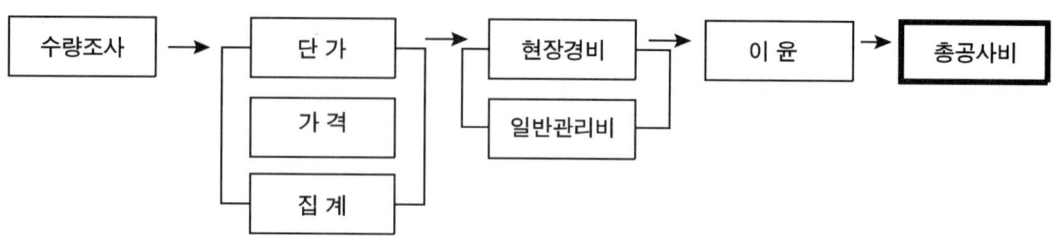

### 4) 공사비 구성

① 총공사비 : 공사원가+부가이윤+일반관리비 부담금
② 공사원가 : 순공사비+현장경비
③ 순공사비 : 직접공사비+간접공사비
④ 직접공사비 : 재료비+노무비+외주비+경비
⑤ 노무비 : 직접노무비+간접노무비

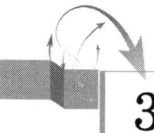

## 3. 수량 산출 적용기준

### 1) 수량 산출의 종류

① 정미량 : 설계도서에 의거하여 정확한 길이(m), 면적(m²), 체적(m³), 개수 등을 산출한 수량
② 소요량(구입량) : 산출된 정미량에 시공 시 발생되는 손·망실량 등을 고려하여 일정 비율의 수량(할증률)을 가산하여 산출된 수량

### 2) 재료별 할증률

| 할증률 | 재 료 | 할증률 | 재 료 |
|---|---|---|---|
| 1% | 유리 | 5% | 원형철근<br>일반볼트, 리벳<br>강관<br>시멘트 벽돌<br>수장합판(재)<br>목재(각재)<br>텍스, 석고보드<br>기와 |
| 2% | 도료<br>위생기구 | | |
| 3% | 이형 철근<br>붉은 벽돌 | | |

| 할증률 | 재 료 | 할증률 | 재 료 |
|---|---|---|---|
| 3% | 내화 벽돌<br>타일<br>테라코타<br>일반합판<br>슬레이트 | 10% | 강판(plate)<br>단열재<br>석재(정형) |
| | | 20% | 졸대 |
| 4% | 시멘트 블록 | 30% | 석재(원석, 부정형) |

### 3) 수량의 계산기준

① 수량은 C.G.S 단위를 사용한다.

(C.G.S 단위란 길이는 cm, 무게는 g, 시간은 초를 단위로 삼는 것)

② 수량의 단위 및 소수위는 표준품셈단위에 의한다.

③ 계산과정에서 소수가 발생하면 문제의 요구사항에 따르고 명시가 없으면 소수점 이하 셋째자리에서 반올림하여 둘째자리까지만 구하여 답한다.

④ 계산에 쓰이는 분도(分度)는 분까지, 원둘레율(圓周率), 삼각함수(三角函數) 및 호도(弧度)의 유효숫자는 3자리(3位)로 한다.

### 4) 수량 산출 시 주의사항

① 수량 산출 시 가급적 시공순서에 의해서 계산한다.

② 지정 소수위(소수점 자리수)를 확인한다.

③ 단위 환산에 유의한다.

㉠ 도면단위(mm) → 수량단위(m, $m^2$, $m^3$)

㉡ 반드시 정수 단위인 경우 : 벽돌·블록·타일(장)·시멘트(포대)·인부수(인)·운반 횟수(회), 장비(대) 등

## 기출 및 예상문제

**1.** 건축시공의 현대화를 위한 3요소는 무엇인가?(건축 99-8, 01-8, 07-4)

①　_____
②　_____
③　_____

**2.** 계약서류, 설계도면 등에 표기하기 곤란한 공사관련사항과 건축물의 규격, 품질 및 시공법, 자재 등의 내용을 서술한 설계도서를 무엇이라 하는가?

**3.** 다음 (　) 안에 알맞은 용어를 넣으시오.(산업 93-10, 97-6)

> 적산에서는 명세적산과 (　①　)적산이 있는데 이것은 (　②　), (　③　) 등을 산출하는 기준이다.

**4.** 다음 빈 칸에 알맞은 용어를 적으시오.(산업 94-5, 기사 15-11)

> 적산은 건물의 공사재료 및 수량, 즉 (　①　)을 산출한 것이고 견적은 (　②　)에 의하여 산출된 (　③　)에 (　④　)를 곱하여 (　⑤　)를 산출한 것을 말한다.

**5.** 개산견적의 단위수량 기준에 의한 분류를 3가지 적으시오.(산업 93-10)

①　_____
②　_____
③　_____

**6.** 적산 시 다음 재료들의 할증률을 쓰시오.(산업 00-11, 16-6, 기사 96-11)

① 붉은벽돌   ② 시멘트벽돌   ③ 블록   ④ 타일
⑤ 목재       ⑥ 수장재       ⑦ 단열재

**7.** 다음 용어에 대하여 간단히 설명하시오.(산업 07-10)

① 직접노무비   ② 간접노무비

**8.** 건축공사의 공사원가 구성에서 직접 공사비 구성에 해당되는 항목 4가지를 쓰시오.(기사 10-7)

① _____
② _____
③ _____
④ _____

**9.** 건축재료의 할증률에 대하여 간략히 설명하시오.(산업 11-7)

**10.** 적산과 견적의 차이점 2가지를 쓰시오.(산업 10-7)

① _____
② _____

**11.** 건축공사에서 사용되는 재료의 소요량은 손실량을 고려하여 할증률을 사용하고 있는데 재료의 할증률이 다음에 해당되는 것을 보기에서 모두 골라 (   ) 안에 번호로 써넣으시오.(산업 10-4, 기사 17-6)

〈보기〉  ① 타일      ② 붉은벽돌    ③ 원형철근
        ④ 이형철근   ⑤ 시멘트벽돌  ⑥ 기와

가. 3% 할증률 (            )   나. 5% 할증률 (            )

**12.** 다음의 내용은 단가에 대한 설명이다. 해당하는 명칭을 써넣으시오.(산업 11-4)

> 단가란 보통 한 개의 단위가격을 말하지만 재료는 다시 이를 가공처리한 것, 즉 재료비에 가공 및 설치비 등을 가산하여 단위단가로 한 것을 ( ① )라 하고 단위수량 또는 단위공사량에 대한 품의 수효를 헤아리는 것을 ( ② )이라 한다.

**13.** 다음 재료를 할증률이 큰 순서대로 나열하시오.(기사 13-7, 16-6)

> ① 블록   ② 유리   ③ 타일   ④ 시멘트 벽돌

**14.** 다음 각 재료의 할증률을 쓰시오.(기사 13-11)

> 〈보기〉  ① 목재(판재)   ② 붉은 벽돌   ③ 유리   ④ 클링커 타일

**15.** 건축재료의 할증률에 대하여 간략히 설명하시오.(산업 14-10)

## 해 답

1. 단순화(Simplification), 전문화(Specialization), 규격화(Standardization)

2. 시방서

3. ① 개산  ② 공사량  ③ 공사비

4. ① 공사량  ② 적산  ③ 공사량  ④ 단가  ⑤ 공사비

5. 단위설비에 의한 견적, 단위면적에 의한 견적, 단위체적에 의한 견적

6. ① 3%  ② 5%  ③ 4%  ④ 3%  ⑤ 5%  ⑥ 5%  ⑦ 10%

7. ① 건설생산에 직접적으로 투입되는 인건비를 말한다.
   ② 간접작업임금, 후생복지비 등 간접적으로 투입되는 임금비용을 말한다.

8. 재료비, 외주비, 노무비, 경비

9. 설계도면에 의하여 산출된 정미량에 재료의 운반이나 가공 등과 같이 공사를 진행하는 중에 발생하는 각종 손실량을 대비해 가산하는 백분율

10. 적산은 공사량(재료량)의 산출이고 견적은 공사량에 단가를 곱한 공사비를 산출하는 것이다. 적산은 설계도면에 의해 측정된 값이므로 변동이 없지만 견적은 계약조건이나 현장 환경 등 여러 여건에 따라 다르게 적용할 수 있으므로 가격 변동이 있기도 한다.

11. 가. ①, ②, ④
    나. ③, ⑤, ⑥

12. ① 일위대가  ② 품셈

13. ④ 시멘트 벽돌 (5%) → ① 블록 (4%) → ③ 타일 (3%) → ② 유리 (1%)

14. ① 10%  ② 3%  ③ 1%  ④ 3%

15. 도면에 의해 산출된 정미량에 재료의 운반이나 절단, 가공 등 시공 중에 발생 가능한 손실예상량에 대해 가산하는 비율

# 제2장 가설공사

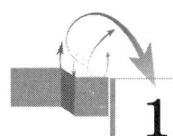

## 1. 가설공사

### 1) 개요

가설공사는 건축 공사를 실시하기 위해 임시로 설치하는 제반시설 및 수단의 총칭이다. 공사가 완료되면 해체, 철거, 정리되는 임시적인 공사에 해당된다.

### 2) 종류

① 공통 가설공사 : 공사 전반에 걸쳐 공통으로 사용되는 것으로 운영 및 관리에 필요한 가설시설
- 가설 운반로, 가설 울타리, 가설 창고
- 현장사무실, 임시 화장실, 공사용수 설비, 공사용 동력설비

② 직접 가설공사 : 건축 공사의 직접적인 수행을 위해 필요한 시설
- 규준틀, 비계, 안전시설, 건축물 보양설비
- 낙하물 방지설비, 양중 및 운반시설, 타설시설

### 3) 시멘트 가설창고

① 방습을 위해 지면에서 30cm 이상 띄어 저장한다.
② 쌓기 포대 수는 13포 이하로 한다.(장기 저장 시 7포 이하)
③ 출입구 이외의 개구부는 되도록 설치하지 않으며 반입, 반출로는 따로 낸다.
④ 창고 주위에 배수도랑을 설치하여 우수침입을 방지한다.

### 4) 기준점 및 규준틀

① 기준점 : 공사 중 건물의 높이 및 기준이 되는 표식으로 건물 인근에 설치한다.
② 설치 시 주의사항
- 이동의 염려가 없는 곳에 설치한다.
- 현장 어느 곳에서든 바라보기 좋으며 공사의 지장이 없는 위치에 설치한다.

- 최소 2개소 이상, 가급적 여러 곳에 설치한다.

③ 규준틀
  ㉠ 수평규준틀 : 건축물의 각 부 위치 및 높이, 기초너비를 결정하기 위해 설치한다.
  ㉡ 세로규준틀 : 벽돌, 블록, 돌쌓기 등 조적공사에서 고저 및 수직면의 기준을 삼기 위해 설치한다. 쌓기 단수, 줄눈 표시, 앵커볼트와 매립철물 위치, 창문틀 위치 및 치수표시, 테두리보나 인방보의 설치 위치 등이 표시된다.

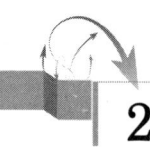

## 2. 비계

### 1) 사용목적 및 분류

① 사용목적
  - 작업의 용이
  - 재료의 운반
  - 작업원의 통로
  - 작업발판의 역할

② 비계의 종류
  ㉠ 재료상의 분류 : 통나무비계, 파이프비계(단식, 강관틀)
  ㉡ 위치상의 분류
    - 외부비계 : 외줄비계, 겹비계, 쌍줄비계, 달비계, 선반비계
    - 내부비계 : 수평비계, 말비계

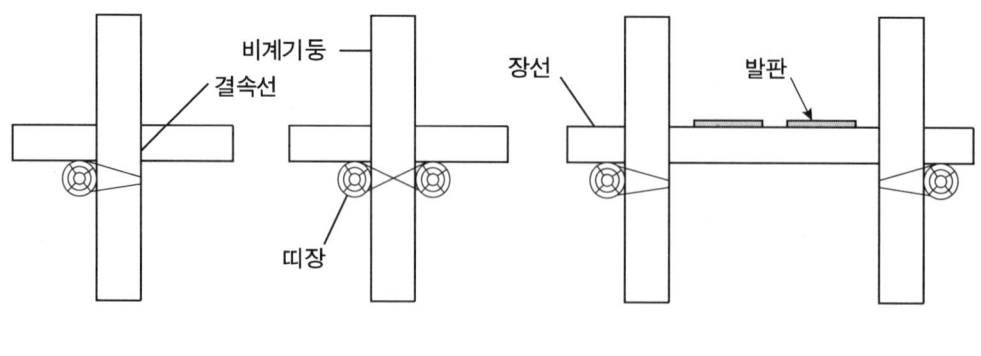

외줄비계      겹비계      쌍줄비계

 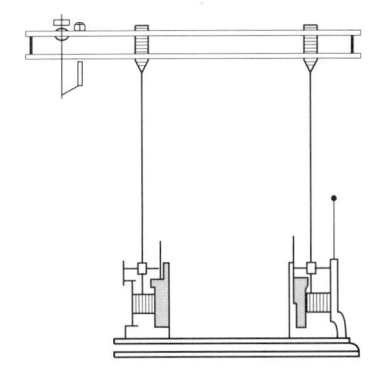

| | |
|---|---|
| 말비계 | 달비계 |

| 외줄비계 | 소규모 공사에서 사용한다. 한쪽을 벽체에 걸치고 기둥에 띠장, 장선 및 발판을 대며 겹비계는 발판 없이 도장공사 등에서 사용한다. |
|---|---|
| 쌍줄비계 | 비교적 대규모, 고층 건물 공사 등에 사용한다. 강관틀비계가 대표적인 쌍줄비계에 해당된다. |
| 말비계 | 이동이 간편한 발돋움용 소규모 비계. 여러 개를 연결해서 사용하기도 한다. |
| 달비계 | 건축물 완공 후 외부수리, 치장공사, 유리창 청소 등을 위해 사용한다. Wire Rope로 작업대를 달아내린 것으로 손감기나, 작은 동력장치로 상하조절을 하도록 제작 |

## 2) 통나무비계

① 재료
- 낙엽송, 삼나무
- 직경 10~12cm 이내, 끝마무리 지름 3.5cm

② 결속선 : #8~10 철선, #16~18 아연도금 철선을 불에 구운 것을 사용

③ 간격
- 비계기둥 간격 : 1.5~1.8m
- 지상에서 제1띠장까지는 2~3m 정도 높이에 설치
- 제2띠장부터는 1.5m 정도로 설치

④ 비계장선
- 지름 9cm 이상, 길이 2m 이상
- 간격 1.5m 정도

⑤ 가새 및 수평재 : 수평간격 14m 내외 간격으로 45° 각도로 기둥, 띠장에 연결

⑥ 하부고정 : 60cm 이상 밑둥 묻음 또는 밑둥잡이로 고정시킨다.

⑦ 벽체와의 연결 간격 : 수직 5.5m, 수평 7.5m 이하

⑧ 비계발판

- 3.6×25cm 단면, 길이 3.6m의 널재나 구멍 철판을 사용
- 설치는 장선에서 20cm 이하 내밀고, 30cm 이상 겹치며 널 사이는 3cm 이하로 하여 비계장선에 고정한다.

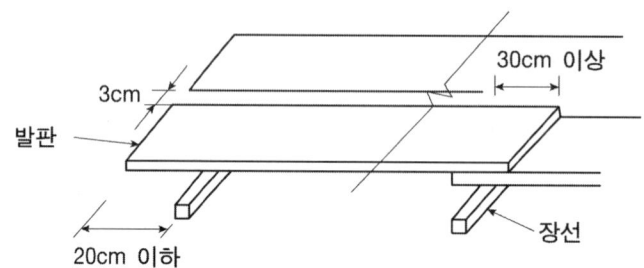

### 3) 단관 파이프비계

① 비계 기둥간격 : 보(간사이) 방향 0.9~1.5m, 띠장방향 1.5~1.8m
② 띠장 간격 : 1.5m 이하(지상 제1띠장은 2m 이하)
③ 가새 : 수평 간격 15m 내외, 45° 각도로 기둥, 띠장에 연결
④ 구조체와 연결 간격 : 수직, 수평 5m 내외
⑤ 하중한도
- 비계기둥의 1본의 하중한도 700kg 이내
- 비계기둥 사이의 적재하중 400kg 이내
⑥ 부속철물 : 클램프(고정형, 자유형), 커플러(일자형, 직교형, 자재형), 베이스 플레이트, 가새

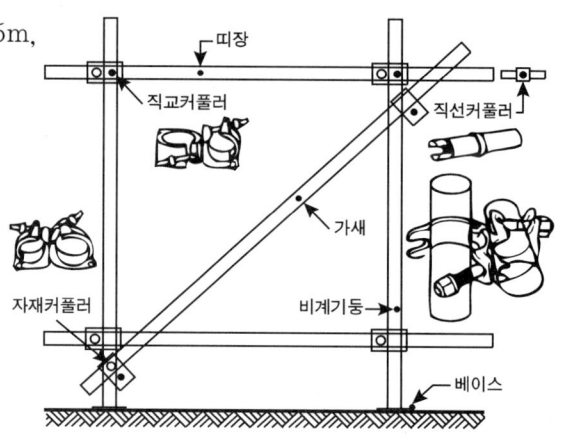

단관 파이프비계의 구성

### 4) 강관틀 파이프비계

① 최고 높이 : 45m 이내
② 구조체와의 연결 간격 : 수직 6m, 수평 8m 내외
③ 하중한도
- 비계기둥 1본의 적재하중 2500kg
- 틀간격 1.8m 이내일 때 틀 사이의 하중한도 400kg
④ 설치 간격 : 높이 20m 초과 시, 중량 작업 시 틀높이 2m 이하, 틀간격 1.8m 이내
⑤ 중요부품 : 띠장틀, 세로틀, 교차가새

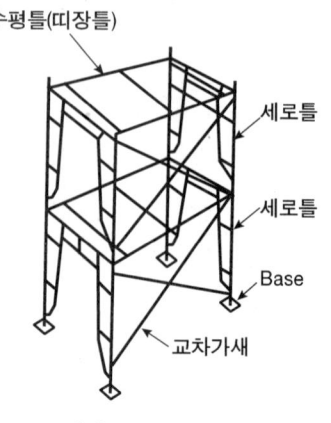

강관틀 파이프비계

## 5) 비계다리

① 설치 기준 : 건평 1600m²마다 1개씩
② 너비 90cm 이상, 경사 표준 17°~30°
③ 17° 이상일 때 1.5×3cm 미끄럼막이를 30cm 간격으로 설치
④ 되돌음, 다리참 : 각 층마다 혹은 층의 구분이 없으면 7m 이내마다 설치
⑤ 난간 : 90cm 이상으로 설치하고 45cm에 중간대를 설치

## 6) 비계 설치 순서

① 현장 반입         ② 비계기둥 설치
③ 띠장 결속         ④ 가새 및 버팀대 설치
⑤ 장선             ⑥ 발판

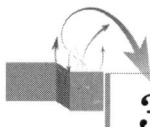

# 3. 비계면적

## 1) 내부비계면적

① 내부비계면적은 연면적의 90%로 하며 손료는 외부비계 3개월까지의 손율을 적용함을 원칙으로 한다.
  • 내부비계면적 = 연면적 × 0.9
② 수평비계는 2가지 이상의 복합 공사 또는 단일 공사라도 작업이 복잡한 경우에 사용함을 원칙으로 한다.
③ 달비계는 층고 3.6m 미만일 때의 내부공사에서 사용함을 원칙으로 한다.

## 2) 외부비계면적

① 비계의 이격거리(D)

(단위 : cm)

| 구조 | 통나무비계 | | 단관파이프비계 강관틀비계 | 비고 |
|---|---|---|---|---|
| | 외줄비계, 겹비계 | 쌍줄비계 | | |
| 목조 | 45 | 90 | 100 | 벽 중심에서 이격 |
| 조적조<br>철근콘크리트조<br>철골구조 | 45 | 90 | 100 | 벽 외측에서 이격 |

② 외부비계면적(A)
- 외부비계면적=비계의 외주길이×건물의 높이
  ㉠ 비계의 외주길이=건물의 외주길이(L)+늘어난 비계길이
  ㉡ 늘어난 비계거리=8(개소)×이격거리(D)

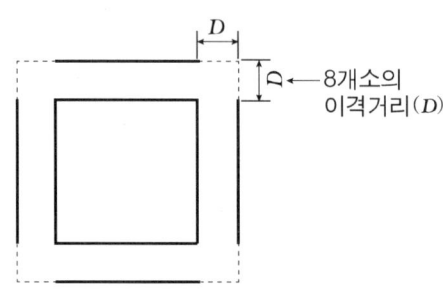

| 구 분 | 외부비계면적 | 비 고 |
|---|---|---|
| 외줄비계, 겹비계 | A=(L+8개소×0.45m)×H<br>=(L+3.6m)×H | H=건축물의 높이<br>L=건물의 외주길이<br>(단위 : m) |
| 쌍줄비계 | A=(L+8개소×0.9m)×H<br>=(L+7.2m)×H | |
| 단관, 틀비계 | A=(L+8개소×1m)×H<br>=(L+8m)×H | |

### 기타 용어

- 페코 빔(pecco beam) : 강재의 인장력을 이용하여 만든 조립보로 받침기둥이 필요 없는 신축이 가능한 수평지지보
- 데크 플레이트(deck plate) : 내화피복 후 철골조 보에 걸어 지주 없이 쓰이는 골모양 바닥판으로 쓰거나 지주가 없는 거푸집으로 사용한다.

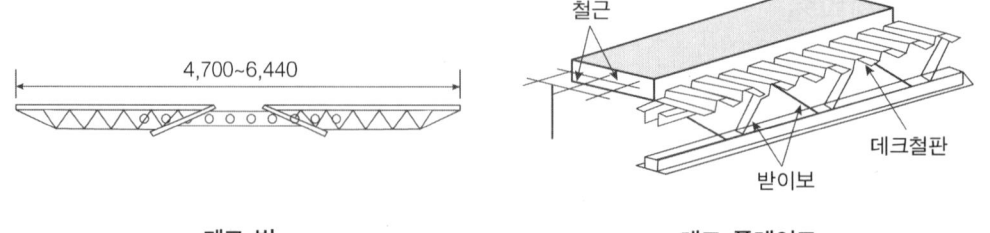

페코 빔     데크 플레이트

# 기출 및 예상문제

**1.** 높아서 손이 닿지 않아 작업하기가 어려울 때 필요한 면적을 확보한 가설물을 무엇이라 하는가?(산업 98-5, 99-11)


**2.** 시멘트의 창고 저장 시 저장 및 관리방법을 4가지 쓰시오.(기사 97-6, 산업 11-10)

① _____
② _____
③ _____
④ _____


**3.** 건축공사용 비계의 종류를 5가지 쓰시오.(산업 92-9, 99-9, 01-7, 10-7, 기사 99-9)

① _____
② _____
③ _____
④ _____
⑤ _____


**4.** 가설공사에 사용되는 다음 용어를 설명하시오.(산업 94-7, 96-5, 15-7, 기사 96-9, 17-11)

① 달비계 :
② 커플링 :
③ 수평비계 :


**5.** 가설공사 시 추락, 낙하 방지를 위한 안전설비의 종류를 3가지 쓰시오.
(건축기사 00-7, 01-4)

① _____
② _____
③ _____

**6.** 재료에 대한 비계의 종류를 3가지 나열하시오.(기사 99-7)

① _____
② _____
③ _____

**7.** 비계공사에 사용되는 외부비계(3종)와 내부비계(1종)를 쓰시오.(산업 00-9)


**8.** 비계에 대한 분류이다. (   ) 안에 알맞은 용어를 쓰시오.(기사 96-11)

> 비계를 재료면에서 분류하면 ( ① ), ( ② )로 나눌 수 있고 비계를 매는 형식 면에서 분류하면 ( ③ ), ( ④ ), ( ⑤ )로 나눌 수 있다.

**9.** 다음 강관비계 설치 시 필요한 부속철물 종류 3가지만 쓰시오.(산업 95-7, 기사 93-10, 96-5)

① _____
② _____
③ _____

**10.** 다음 보기는 비계의 설치 순서이다. 순서대로 나열하시오.(산업 97-11, 00-11, 기사 94-5)

> 〈보기〉 ① 띠장     ② 가새 및 버팀대     ③ 장선
>        ④ 현장반입  ⑤ 비계기둥 설치      ⑥ 발판

**11.** 실내시공에서 간단히 조립될 수 있는 강관틀비계의 중요부품을 3가지 쓰시오. (산업 92-9)

① _____
② _____
③ _____

**12.** 공사규모에 따르는 외부비계 종류를 3가지 쓰시오.(산업 05-4, 10-7, 기사 15-7)

① _____
② _____
③ _____

**13.** 다음 그림과 같은 통나무 비계의 각 부 명칭을 쓰시오.(산업 95-4, 98-7, 01-4)

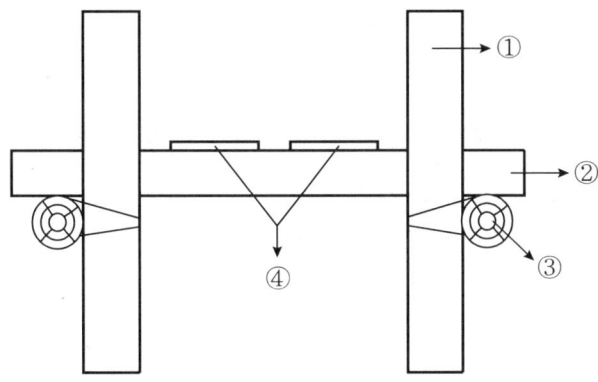

**14.** 다음 가설공사에 대한 내용 중 빈칸에 알맞은 말을 적으시오.(산업 96-11)

> 가설공사의 비계다리는 폭을 ( ① ) 이상으로 하고 참의 높이는 ( ② ) 이하로 하며 높이 ( ③ )의 손스침을 설치하며 경사도는 ( ④ ) 이하로 한다.

**15.** 다음에 설명하는 비계명칭을 쓰시오.(산업 03-10, 12-4, 14-7)

> ① 건물 구조체가 완성된 다음에 외부수리에 쓰이며, 구체에서 형강재를 내밀어 로프로 작업대를 고정한 비계
> ② 도장공사, 기타 간단한 작업을 할 때 건물 외부에 한 줄 기둥을 세우고 멍에를 기둥 안팎에 매어 발판 없이 발디딤을 할 수 있는 비계
> ③ 철판을 미리 사다리꼴 또는 우물정자 모양으로 만들어 현장에서 짜맞추는 비계

**16.** 다음 도면을 보고 외부 쌍줄비계면적을 산출하시오.(단, H=8m)(산업 95-5, 99-11)

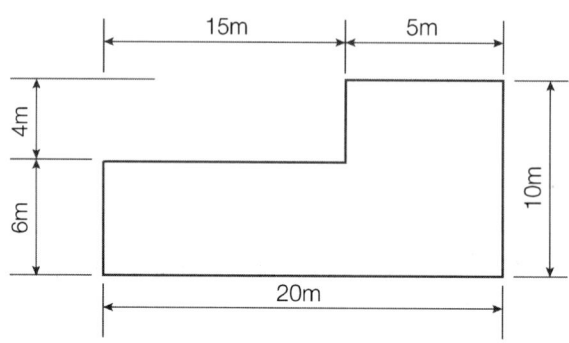

**17.** 다음 평면도에서 쌍줄비계를 설치할 때 외부비계면적을 산출하시오.(단, 건물높이 H=25m)(산업 10-9, 14-7)

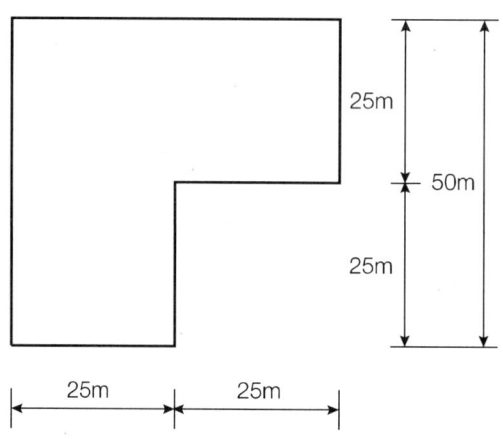

**18.** 다음과 같은 건물의 내부비계면적을 산출하시오.(산업 98-5, 00-9, 11-4)

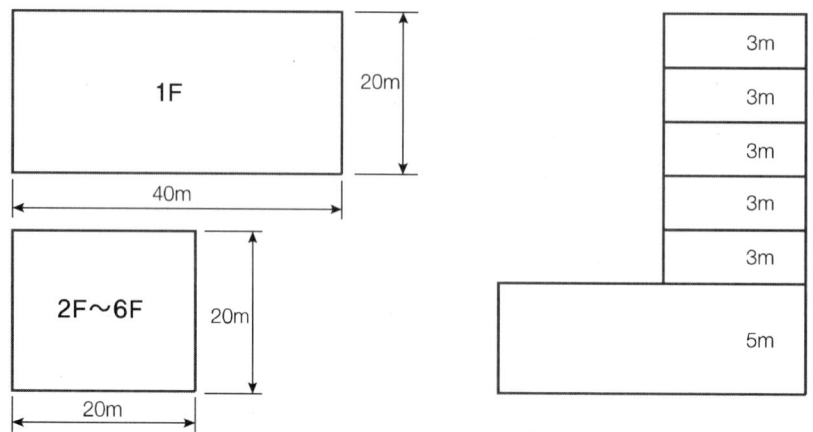

**19.** 다음과 같은 건물의 내부비계면적 및 외부비계(쌍줄)면적을 산출하시오.
(단, 전체 5층, H=25m)(산업 99-7, 기사 12-4, 17-4)

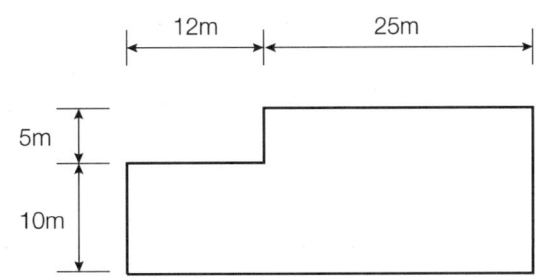

**20.** 다음 그림과 같은 건물의 실내장식을 하기 위한 내부비계면적을 산출하시오.
(산업 92-9, 97-6, 00-6)

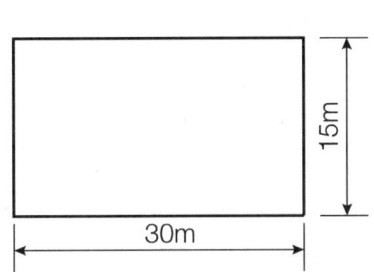

**21.** 다음 평면도에서 쌍줄비계를 설치할 때 외부비계면적을 산출하시오.(단, H=15m)
(산업 01-4)

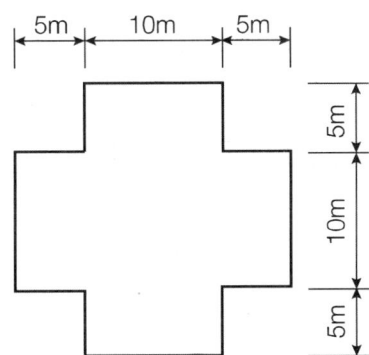

**22.** 아래의 평면과 같은 3층 건물의 전체공사에 필요한 내부비계면적을 산출하시오.(산업 02-9, 12-7)

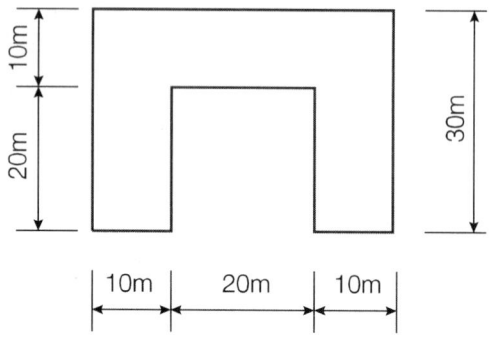

**23.** 도로에 인접한 다음 건물의 쌍줄비계면적을 구하시오.(산업 04-7, 11-7)

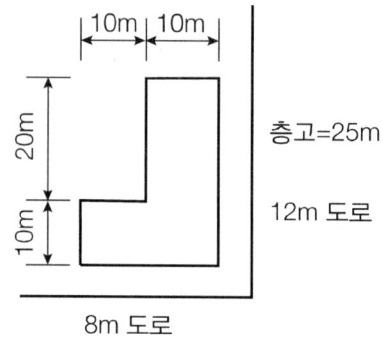

**24.** 다음 그림의 외부 쌍줄비계면적을 산출하시오.(단, H=8m)(기사 12-10)

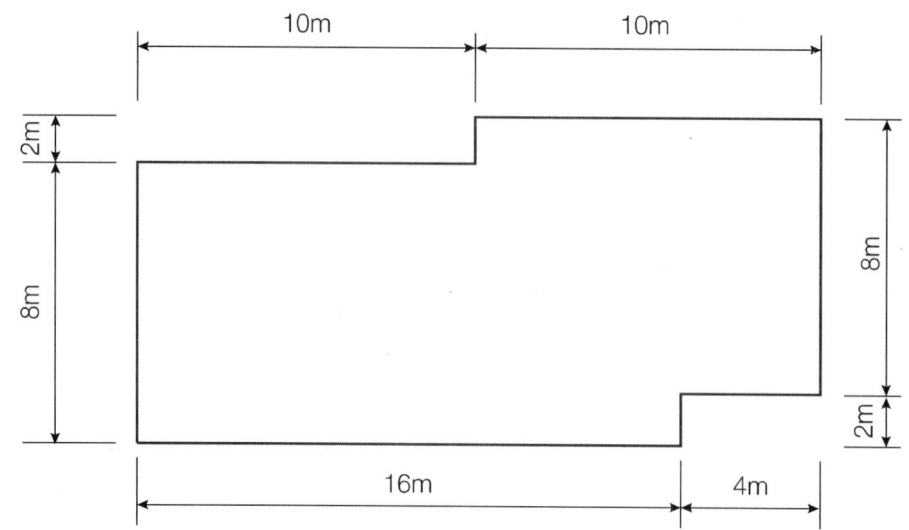

**25.** 다음 평면도와 같은 건물에 외부 외줄비계를 설치하고자 한다. 비계면적을 산출하시오.
(건물높이=12m)(건축기사 00-7, 01-4, 기사 15-4)

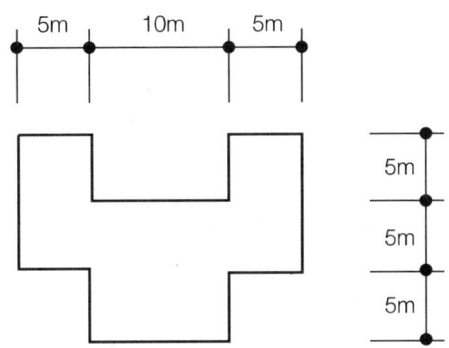

**26.** 다음 평면도와 같은 건물의 외부비계 및 내부비계 면적을 구하시오.(단, 외부비계는 쌍줄비계이다.)(기사 16-4)

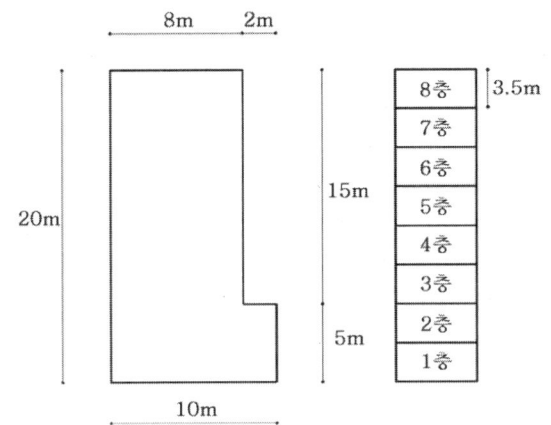

**27.** 가설공사 시 설치하는 낙하물 위험 방지시설 2가지를 쓰시오.(기사 15-11)

① _____

② _____

**28.** 다음 ( ) 안에 해당되는 답을 써 넣으시오.(산업 15-10, 기사 95-5)

> ㉮ 가설공사 중에서 강관비계기둥의 간격은 ( ① )이고, 간사이 방향은 ( ② )로 한다.
> ㉯ 가새의 수평간격은 ( ③ ) 내외로 하고, 각도는 ( ④ )로 걸쳐대고 비계 기둥에 결속한다.
> ㉰ 띠장의 간격은 ( ⑤ ) 내외로 하고, 지상 제 1띠장은 지상에서 ( ⑥ ) 이하 의 위치에 설치한다.

## 해답

1. 비계

2. ① 방습상 지면에서 30cm 이상 띄어 바닥에 저장
   ② 쌓기 포대수는 13포 이하로 한다.
   ③ 출입구 이외의 개구부는 되도록 설치하지 않으며, 반입로·반출로는 따로 낸다.
   ④ 창고 주위에 배수도랑을 설치하여 우수침입을 방지

3. ① 외줄비계  ② 쌍줄비계  ③ 겹비계  ④ 달비계  ⑤ 수평비계

4. ① 건물에 고정된 돌출보 등에 와이어로프로 매단 작업대에 의해 상하로 이동시킬 수 있는 비계로 외부마감공사, 외벽청소 등을 목적으로 고층건물에 사용한다.
   ② 단관 파이프 비계 설치 시, 기둥과 띠장 및 가새 등을 연결하거나 이음 및 고정시키는 철물
   ③ 실내 작업용 발판으로 쓰기 위해 수평으로 매는 비계

5. 추락방지망, 낙하물 방지망, 방호선반, 안전난간, 접근방지책, 안전걸이대 및 로프 등

6. ① 통나무비계  ② 단관파이프비계  ③ 강관틀파이프비계

7. 외부비계 : 외줄비계, 쌍줄비계, 겹비계
   내부비계 : 수평비계

8. ① 통나무비계  ② 파이프비계  ③ 외줄비계  ④ 겹비계  ⑤ 쌍줄비계

9. 고정형 클램프, 자재형 클램프, 일자형 연결재

10. ④ → ⑤ → ① → ② → ③ → ⑥

11. ① 띠장틀(수평틀)  ② 세로틀  ③ 교차가새

12. ① 외줄비계  ② 겹비계  ③ 쌍줄비계

13. ① 비계기둥  ② 장선  ③ 띠장  ④ 발판

14. ① 90cm  ② 7m  ③ 75cm  ④ 30°

15. ① 달비계  ② 겹비계  ③ 강관틀비계

16. 쌍줄비계면적 = {외주길이 + (0.9×8)} × H
    = (60+7.2)×8 = 537.6m²

17. 쌍줄비계면적 = {외주길이 + (0.9×8)} × H
    = {2×(50+50)+7.2}×25
    = (200+7.2)×25
    = 207.2×25 = 5,180m²

**18.** 내부비계면적=연면적×0.9
= {(40×20)+(20×20×5)}×0.9
= 2800×0.9=**2,520m²**

**19.** 내부비계면적=연면적×0.9
= {(25×15)+(12×10)}×5층×0.9
= **2227.5m²**

쌍줄비계면적=25×{2(37+15)+7.2}
= 25×(104+7.2)
= **2,780m²**

**20.** 내부비계면적=연면적×0.9
= (30×15)×6층×0.9=**2430m²**

**21.** 쌍줄비계면적=(외주길이+0.9×8)×H
=(80+7.2)×15=**1308m²**

**22.** 내부비계면적=연면적×0.9={(40×30)-(20×20)}×3층×0.9=**2160m²**

**23.** 쌍줄비계면적=H{2(a+b)+0.9×8}
=25×{2×(20+30)+0.9×8}
=25×(100+7.2)=**2,680m²**

**24.** 쌍줄비계면적=H{2(a+b)+0.9×8}
=8×{2×(20+10)+0.9×8}
=8×67.2
=**537.6m²**

**25.** 외줄비계면적=12×{2(20+15+5)+(0.45×8)}
=12×(80+3.6)
=**1,003.2㎡**

**26.** ① 외부비계 면적
= (건물 외주길이+0.9×8)×건물 높이
= {2×(20+10)+7.2}×(3.5×8)
= 67.2×28
= **1,881.6m²**

② 내부비계 면적
= 연면적×0.9={(20×10)-(15×2)}×8×0.9
= **1,360m²**

**27.** ① 방호선반　② 방호철망

**28.** ① 1.5~1.8m　② 0.9~1.5m　③ 15m　④ 45°　⑤ 1.5m　⑥ 2m

# 제3장 조적공사 및 돌공사

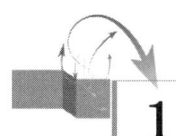

## 1. 벽돌공사

### 1) 벽돌의 종류

① 보통벽돌 : 붉은벽돌, 시멘트벽돌
② 내화벽돌 : SK26 이상 고온에서 내화점토로 소성한 벽돌
③ 이형벽돌 : 아치 등 특수한 형태로 제조한 벽돌
④ 경량벽돌 : 다공질벽돌, 공동벽돌
⑤ 과소품벽돌 : 지나치게 높은 온도로 구워진 벽돌. 강도는 높고 흡수율은 적다.

### 2) 벽돌 규격

(단위 : mm)

| 구분 | 길이 | 마구리 | 두께 |
|---|---|---|---|
| 재래형 | 210 | 100 | 60 |
| 표준형 | 190 | 90 | 57 |
| 내화벽돌 | 230 | 114 | 65 |
| 허용오차 | ±3mm | ±3mm | ±4mm |

### 3) 모르타르 및 줄눈

① 모르타르
- 시멘트의 응결은 가수 후 1시간부터 시작되므로 배합 후 1시간 이내에 사용한다.
- 줄눈두께는 10mm를 표준으로 한다.(단, 내화벽돌은 6mm)
- 조적조의 줄눈은 응력분산을 위해 막힌줄눈을 원칙으로 한다.

② 배합비

| 구분 | 시멘트 : 모래 |
|---|---|
| 조적용 | 1 : 3 ~ 1 : 5 |
| 아치쌓기 | 1 : 2 |
| 치장줄눈 | 1 : 1 |

③ 치장줄눈

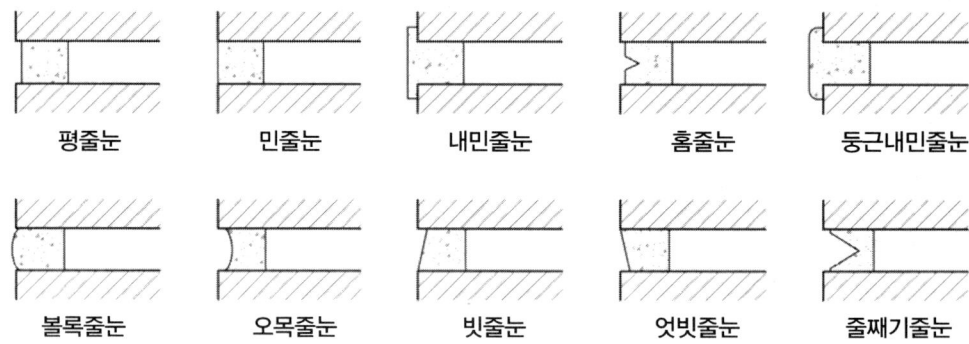

평줄눈 　민줄눈 　내민줄눈 　홈줄눈 　둥근내민줄눈

볼록줄눈 　오목줄눈 　빗줄눈 　엇빗줄눈 　줄째기줄눈

• 치장줄눈의 용도와 특징

| 명칭 | 용도 | 특징 |
|---|---|---|
| 평줄눈 | 벽돌의 형이 고르지 않을 때 | 거친 느낌의 질감 |
| 민줄눈 | 형태가 고르고 깔끔한 벽돌 | 깨끗한 질감 |
| 빗줄눈 | 색조 변화가 클 때 | 벽면의 음영차가 크고 질감이 강조된다. |
| 볼록줄눈 | 벽돌형이 고르고 반듯할 때 | 여성스런 볼륨감, 순하고 부드러운 느낌 |
| 오목줄눈 | 면이 깨끗한 벽돌 | 약한 음영표시, 평줄눈과 민줄눈의 중간효과 |
| 내민줄눈 | 벽면이 고르지 못할 때 | 줄눈의 효과를 강조 |

4) 벽돌쌓기

① 주요 쌓기 형식

| 종류 | 특징 | 비고 |
|---|---|---|
| 영식 쌓기 | 한 켜에 길이쌓기, 다음 켜는 마구리쌓기로 하며 모서리에 반절 또는 이오토막을 사용하여 통줄눈을 없앤다. | 가장 튼튼한 형식 |
| 화란식 쌓기 | 한 켜에 길이쌓기, 다음 켜는 마구리쌓기로 하며 모서리에 칠오토막을 사용하여 모서리가 튼튼하다. | 우리나라에서 많이 사용 |
| 불식 쌓기 | 한 켜에 길이, 마구리를 번갈아 쌓는 형식 | 비내력벽, 치장용 |
| 미식 쌓기 | 전면에 5켜를 길이쌓기로 하고 다음 켜를 마구리 쌓기로 하며 뒷벽돌에 물리고 뒷면은 영식 쌓기로 한다. | 치장용 |

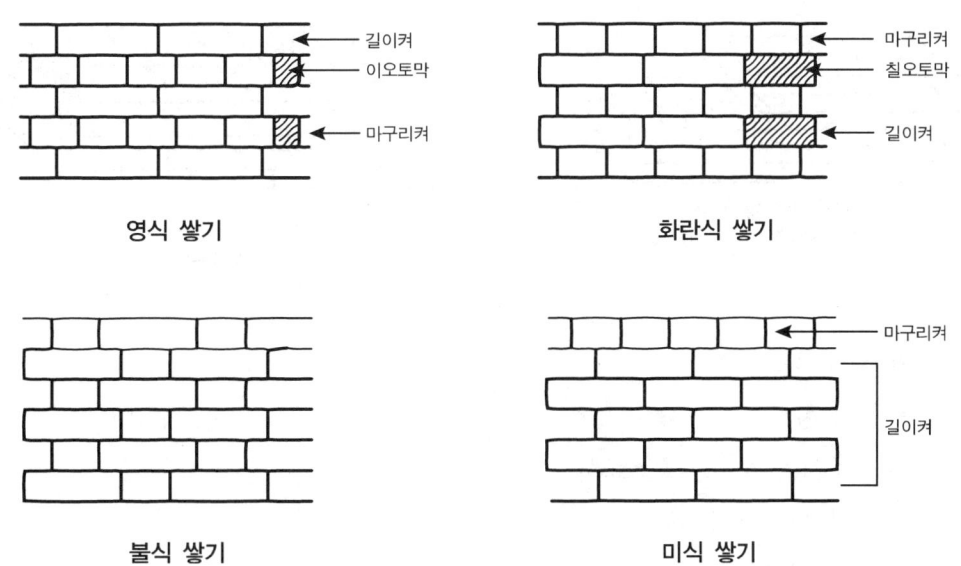

영식 쌓기 　　　　　　　 화란식 쌓기

불식 쌓기 　　　　　　　 미식 쌓기

② 특수 벽돌쌓기

| 종류 | 특징 | 비고 |
| --- | --- | --- |
| 영롱쌓기 | 벽면에 벽돌을 비워 구멍을 두어 쌓는 방식 | 치장용 |
| 엇모쌓기 | 45°로 모서리를 보이게 쌓는다. | 벽면에 변화와 음영감을 줌 |
| 길이쌓기 | 길이방향이 보이도록 벽돌을 쌓는다. | 두께 0.5B |
| 마구리쌓기 | 마구리방향이 보이도록 벽돌을 쌓는다. | 두께 1.0B |
| 길이세워쌓기 | 길이방향을 수직으로 세워 벽돌을 쌓는다. | 내력벽이면서 의장적 효과 |
| 옆세워쌓기 | 마구리방향을 수직으로 세워 벽돌을 쌓는다. | |

③ 벽돌쌓기 일반사항

　㉠ 쌓기 순서

　　청소 → 벽돌 물축임 → 모르타르 건비빔 → 세로규준틀 설치 → 벽돌 나누기 → 규준벽돌쌓기 → 수평실 설치 → 중간부 쌓기 → 줄눈 누르기 → 줄눈 파기 → 치장줄눈 → 보양

　㉡ 벽쌓기 시 주의사항

　• 하루쌓기 높이는 1.2m~1.5m(18~22켜) 정도로 한다.

　• 벽돌쌓기 전 충분히 물축임을 한다.

　• 도중쌓기를 중단할 때에는 벽 중간은 층단 떼어쌓기, 벽 모서리는 켜걸름 들여쌓기로 한다.

　• 굳기 시작한 모르타르는 사용하지 않는다.(가수 후 1시간 이내)

　• 통줄눈이 생기지 않도록 영식 쌓기나 화란식 쌓기로 한다.

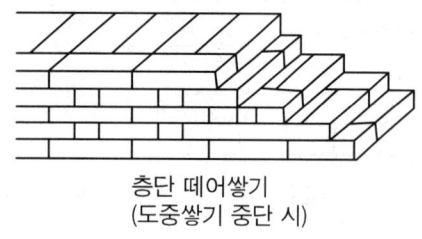
층단 떼어쌓기
(도중쌓기 중단 시)

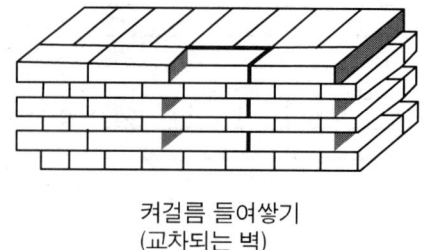
켜걸름 들여쌓기
(교차되는 벽)

ⓒ 세로규준틀
- 기입사항
  - 쌓기 단수 및 줄눈표시
  - 창문틀 위치, 치수 표시
  - 앵커볼트 및 매립철물 설치위치
  - 인방보, 테두리보 설치 위치
  - 나무벽돌, 보강철물 등 표시
- 설치 위치
  - 건물 모서리, 교차부, 벽이 긴 경우 벽의 중간

## 5) 각 부 벽돌쌓기

① 공간쌓기

ⓐ 공간쌓기의 목적 : 방습, 방음, 단열

ⓑ 공간의 너비 : 50~90mm 정도로 하며 50mm를 표준으로 한다.

ⓒ 연결철물의 간격 : 수직간격 45cm 이내, 수평간격 90cm 이내, 벽면적 $0.4m^2$ 이내마다 하나씩 반드시 설치한다.

② 내쌓기

벽면에 마루널 설치 시, 박공벽, 수평띠 등의 모양을 내기 위해 벽면에서 벽돌을 내밀어 쌓는 방식으로 한 켜씩 내밀 때는 1/8B씩, 두 켜씩 내밀 때는 1/4B씩 내밀며 최대 내미는 길이는 2.0B 이내로 한다. 이때 내쌓기는 마구리쌓기로 한다.

③ 벽쌓기

- 개구부 길이의 합계는 당해 벽 길이의 1/2 이하로 한다.
- 개구부 상호간 거리, 개구부와 대린벽 중심과의 수평거리는 그 벽두께의 2배 이상으로 해야 한다.
- 개구부 수직 간 거리는 60cm 이상이 되도록 한다.
- 개구부의 너비가 1.8m 이상일 경우 개구부 상부에 철근콘크리트 인방을 설치한다.
- 가로 홈의 깊이는 벽두께의 1/3 이하로 하고 길이는 3m 이하로 하며 세로 홈은 층고의 3/4 이상 길이의 홈을 설치 시 깊이를 벽두께의 1/3 이하로 한다.

④ 아치쌓기

개구부 상부에서 오는 수직 하중이 아치 축선에 따라 나누어 직압력으로 전달되게 하여 부재의 하부에 인장력이 생기지 않도록 하는 것으로 조적조에서는 폭이 작은 개구부도 상부에 아치를 트는 것을 원칙으로 한다.

㉠ 아치쌓기의 종류

- 본 아치 : 아치 벽돌을 공장에서 특수한 형태로 주문제작한 것으로 쌓은 아치
- 막만든 아치 : 보통 벽돌을 쐐기 모양으로 다듬어 쌓은 아치
- 거친 아치 : 보통 벽돌을 아치쌓기에 사용하여 줄눈이 쐐기모양이 되는 아치
- 층두리 아치 : 아치 너비가 넓을 때 반장별로 층을 지어 겹쳐쌓은 아치

본 아치

막만든 아치

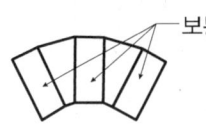
거친 아치

㉡ 아치의 형태별 종류

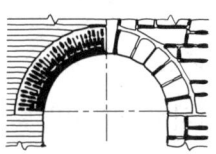
a. 반원 아치

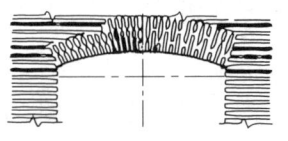
b. 결원 아치

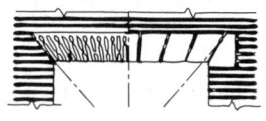
c. 평 아치

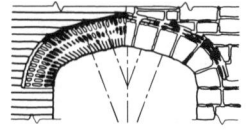
d. 뾰족 아치

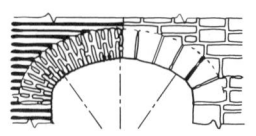
e. 타워 아치

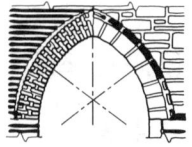
f. 고딕 아치

아치쌓기

## 6) 벽돌벽의 균열 및 백화

① 균열 원인

| 계획, 설계상의 미비로 인한 원인 | 시공상 결함에 의한 원인 |
|---|---|
| • 기초의 부동침하<br>• 건물의 평면, 입면의 불균형<br>• 불균형 하중<br>• 벽돌 벽체의 강도 부족<br>• 불합리한 개구부의 크기 및 배치의 불균형 | • 벽돌 및 모르타르 강도 부족<br>• 재료의 신축성<br>• 모르타르 바름의 들뜨기 현상<br>• 다져 넣기의 부족<br>• 이질재와의 접합부 |

② 백화현상

벽체의 표면에 흰 가루가 생기는 현상

㉠ 원인
- 재료 및 시공의 불량
- 모르타르 채워넣기 부족으로 빗물침투에 의한 화학반응
  (빗물+소석회+탄산가스)

㉡ 대책
- 소성이 잘 된 벽돌을 사용한다.
- 벽돌표면에 파라핀 도료를 발라 염류 유출을 방지한다.
- 줄눈에 방수제를 발라 밀실 시공한다.
- 비막이를 설치하여 물과의 접촉을 최소화시킨다.

③ 벽체의 누수현상 원인
- 사춤 모르타르가 충분하지 않을 때
- 치장줄눈의 시공이 완전하지 않을 때
- 이질재의 접촉부
- 벽돌쌓기 방법이 완전하지 못하게 되었을 때
- 물흘림, 물끊기 및 비막이 시설의 불완전 시

④ 방습층 설치

지반의 습기가 벽체를 타고 상승하는 것을 위해 막기 위해 설치한다. 지반과 마루밑 또는 콘크리트 바닥 사이에 설치하며 방수 모르타르 또는 아스팔트 모르타르를 1~2cm 두께로 바른다.

## 7) 벽돌공사 적산

① 기본공식
- 벽돌 정미량=벽면적×단위수량
- 벽돌 구매량=벽면적×단위수량×(1+할증률)

※ 점토벽돌일 경우 1.03, 시멘트 벽돌일 경우 1.05를 곱한다.

② 벽 두께별 단위수량

(단위 : 장/m²)

| 벽돌형 \ 벽두께 | 0.5B | 1.0B | 1.5B | 2.0B | 비고 |
|---|---|---|---|---|---|
| 표준형 벽돌 (190×90×57) | 75 | 149 | 224 | 298 | 표준형과 기존형 벽돌의 줄눈은 10mm를 기준으로 한다. |
| 기존형 벽돌 (210×100×60) | 65 | 130 | 195 | 260 | 할증률<br>• 붉은벽돌, 내화벽돌 : 3%<br>• 시멘트벽돌 : 5% |
| 내화벽돌 (줄눈 6mm) | 59 | 118 | 177 | 236 | |

 시험은 대체로 표준형 벽돌의 문제가 출제된다.

③ 산출법
- 벽면적 1m²를 벽돌 1장의 면적으로 나누어 산출한다.
- 이때 벽돌 1장의 면적은 가로, 세로의 줄눈의 너비를 합산한 면적이다.

   ex) 표준형 벽돌 0.5B 두께의 벽 1m²당 벽돌량

   $$\frac{1m}{0.19+0.01} \times \frac{1m}{0.057+0.01} = 74.63 \rightarrow 75장$$

④ 쌓기 모르타르량
- 모르타르량은 할증률을 고려한 벽돌의 구입량이 아닌 정미량에만 적용된다.
- 단위수량은 벽돌 1,000장을 기준으로 한다.
- 모르타르의 단위 수량

(단위 : m³/1,000장)

| 벽돌형 \ 벽두께 | 0.5B | 1.0B | 1.5B | 2.0B |
|---|---|---|---|---|
| 표준형 벽돌 | 0.25 | 0.33 | 0.35 | 0.36 |
| 기존형 벽돌 | 0.3 | 0.37 | 0.4 | 0.42 |

- 모르타르량 = $\frac{벽돌\ 정미량}{1000} \times$ 단위수량 (m³)

⑤ 계산 시 주의사항
- 벽돌량의 단위는 장(매)이므로 절상시킨 정수로 나타낸다.
- 외벽의 높이와 내벽의 높이가 다를 수 있으므로 유의해야 한다.
- 외벽의 계산 시에는 중심치수로, 내벽의 계산 시에는 안목치수로 계산한다.

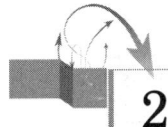

# 2. 블록쌓기

## 1) 블록의 종류 및 치수

① 특수 블록
  ㉠ 인방블록 : 문꼴 위에 쌓아 철근과 콘크리트를 다져 넣어 보강하는 U자형 블록
  ㉡ 창쌤블록 : 창문틀 옆에 창문이 잘 끼워지도록 만들어진 블록
  ㉢ 창대블록 : 창문틀의 밑에 쌓는 블록

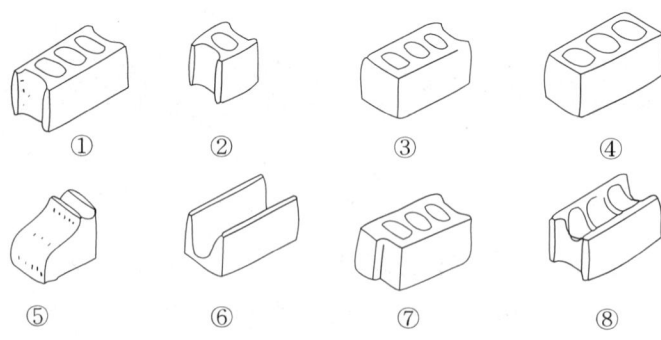

① 기본블록
② 반블록
③ 한마구리 평블록
④ 양마구리 블록
⑤ 창대블록
⑥ 인방블록
⑦ 창쌤블록
⑧ 가로배근용 블록

**블록의 종류 및 명칭**

② 기본블록치수

| 형상 | 치수(mm) | | | 허용오차(mm) |
|---|---|---|---|---|
| | 길이 | 높이 | 두께 | |
| 기본형 | 390 | 190 | 100<br>150<br>190 | 길이, 두께 ± 2<br>높이 ± 3 |

## 2) 블록쌓기

① 시공도 기입사항
- 블록나누기, 블록 종류 선택
- 벽과 중심 간 치수
- 창문틀 등 개구부의 안목치수
- 철근 삽입 및 이음 위치, 철근의 지름 및 개소
- 나무벽돌, 앵커볼트, 급배수관, 전기 배선관 위치

② 시공 시 주의사항
- 일반 블록쌓기는 막힌 줄눈으로, 보강 블록조는 통줄눈으로 한다.
- 블록의 모르타르 접촉면은 적당히 물축임을 한다.
- 하루쌓는 높이는 1.2~1.5m(6~7켜) 정도로 쌓는다.
- 쌓기용 모르타르 배합비는 1 : 3(시멘트 : 모래) 정도를 사용한다.
- 블록 살 두께가 두꺼운 쪽이 위로 가게 쌓는다. →

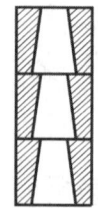

## 3) 인방보 및 테두리보

① 인방보
- 보강 블록조의 가로근을 배근하는 것으로 테두리보의 역할도 한다.
- 인방블록을 좌우 벽면에 20cm 이상 걸치고 철근의 정착길이는 40d 이상으로 한다.

② 테두리보

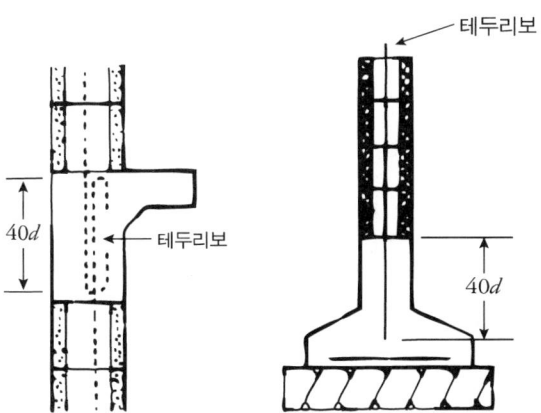

㉠ 설치 목적
- 분산된 벽체를 일체로 하여 하중을 균등하게 분산시킨다.
- 수직 균열을 방지한다.
- 세로 철근을 정착시킨다.
- 집중하중을 받는 부분의 보강재 역할을 한다.

㉡ 치수
- 춤 : 벽 두께의 1.5배 이상 또는 30cm 이상
- 너비 : 벽 두께 이상으로 한다.
- 철근정착 : 40d 이상으로 하고 콘크리트로 사춤한다.

## 4) 보강 블록조

① 특징
- 통줄눈 쌓기로 하여 블록의 중공부에 철근을 대고 콘크리트를 채워 보강한 구조
- 튼튼한 구조법으로 3~5층 정도까지 시공이 가능하다.

② 시공방법
- 세로근은 이어대지 않고 기초보 하단에서 테두리보 상단까지 40d 이상 정착시킨다.
- D10 이상 철근을 사용하고 내력벽 끝부분, 모서리, 개구부 주변은 D13을 사용한다.
- 철근의 간격은 40~80cm 이내로 한다.
- 가로근의 이음은 25d 이상으로 하고 정착길이는 40d 이상으로 한다.
- 통줄눈쌓기를 기준으로 한다.

③ 기타 사항
- 철근은 굵은 것보다 가는 것을 많이 사용하는 것이 유리하다.
- 세로 철근을 댄 부분은 반드시 콘크리트를 채운다.
- 모서리, 교차부, 개구부 주위, 벽 끝은 반드시 사춤모르타르를 채운다.

### 5) ALC 블록

생석회, 규사, 시멘트, 플라이 애시 등을 원료로 하여 고온 고압하에서 증기양생한 경량 기포 콘크리트 제품의 일종이다.

① 장점
- 흡음성과 차음성이 우수하고 단열성이 좋다.
- 불연재료이며 경량으로 취급이 용이하며 현장에서 절단 및 가공이 쉽다.
- 건조 수축률이 작고 균열의 발생이 적다.

② 단점
- 강도가 비교적 약하다.
- 다공질 제품으로 흡수성이 크며 동해에 대한 방수방습 처리가 필요하다.

### 6) 블록공사 적산

① 기본공식
- 블록량=벽면적×단위수량(장, 매)
- 단위수량에 블록 할증률 4%가 포함되므로 별도로 계산하지 않는다.

② 단위수량

($m^2$당 할증률 4% 포함)

| 형상 | 치수(mm) | 블록량(장) |
|---|---|---|
| 기본형 | 390×190×210<br>390×190×190<br>390×190×150<br>390×190×100 | 13장 |
| 장려형 | 290×190×190<br>290×190×150<br>290×190×100 | 17장 |

③ 산출법
- 벽면적 $1m^2$를 벽돌 1장의 면적으로 나누어 산출한다.

$$\left(\frac{1}{0.39+0.01}\right) \times \left(\frac{1}{0.19+0.01}\right) = 12.5$$

할증률 4%를 가산하여 12.5×1.04=13장

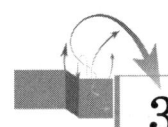

# 3. 돌공사

## 1) 석재의 분류

① 화성암 : 화강암, 안산암, 화산암, 감람석
② 수성암 : 점판암, 응회암, 사암, 석회석
③ 변성암 : 사문석, 대리석, 트래버틴

## 2) 돌쌓기 시공 시 주의사항

① 석재는 중량이 크므로 운반상의 제한 등을 고려하여 최대치수를 정한다.
② 석재는 휨강도 및 인장강도가 약하기 때문에 압축응력을 받는 곳에만 사용한다.
③ 1m³ 이상 되는 석재는 높은 곳에서 사용하지 않는다.
④ 내화도가 필요한 곳에는 열에 강한 것을 사용한다.
⑤ 가공 시 예각이 되지 않도록 한다.

## 3) 표면마무리 가공

① 혹두기(메다듬) : 쇠메로 큰 덩어리만 쳐내는 단계
② 정다듬 : 망치와 정으로 쪼아내는 평탄 작업
③ 도드락다듬 : 도드락망치를 이용하여 정다듬한 면을 좀더 평탄하게 다듬는다.
④ 잔다듬 : 날망치를 이용하여 표면을 매끈하게 다듬는 작업
⑤ 물갈기 : 숫돌, 금강사 등을 사용하여 표면에 물을 뿌린 후 매끈하게 마무리

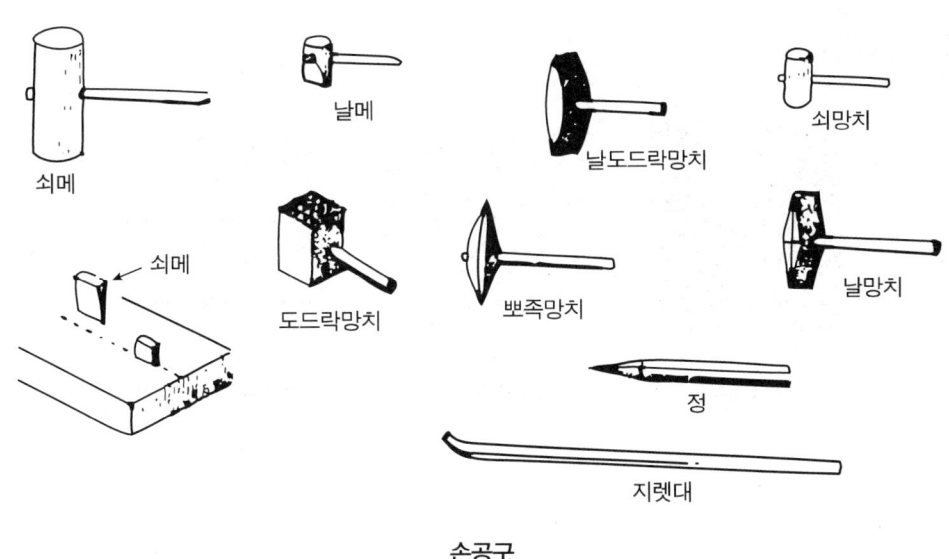

손공구

### 4) 특수 표면마무리 공법

① 모래 분사법 : 석재 표면에 고압공기의 압력으로 모래를 분출시켜 면을 곱게 마무리하는 공법
② 화염 분사법 : 버너 등으로 석재 표면을 달군 후 찬물을 뿌려 급랭시켜서 표면을 거칠게 마무리하는 공법
③ 플래너마감법 : 석재표면을 연마기계로 매끄럽게 깎아내어 다듬는 마감법
④ 착색법 : 석재의 흡수성을 이용하여 석재의 내부까지 착색시키는 공법

### 5) 모치기

① 혹두기　　　② 빗모치기　　　③ 두모치기　　　④ 세모치기

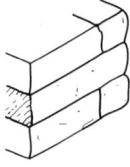 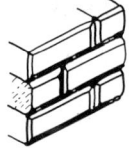 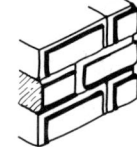 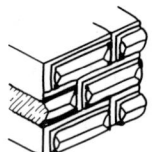

 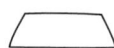  

### 6) 돌쌓기

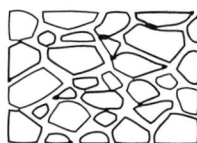   

### 7) 바닥 돌깔기

 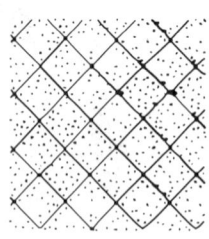 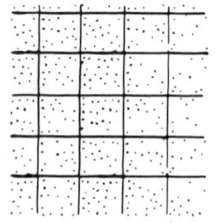

　　　원형 깔기　　　　　마름모 깔기　　　　바둑판무늬 깔기

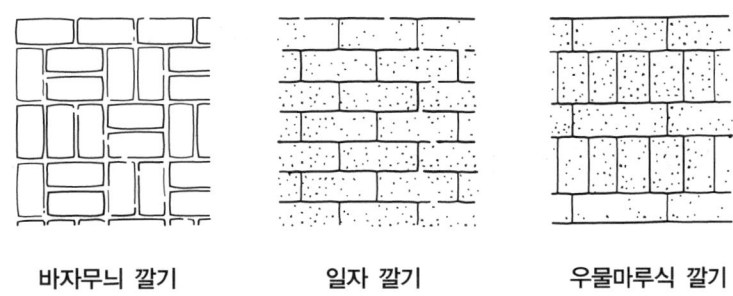

바자무늬 깔기  일자 깔기  우물마루식 깔기

## 8) 가공 후 검사내용

① 마무리 및 치수의 정도
② 다듬기 정도
③ 면의 평활도
④ 모서리각 여부

# 4. 테라코타

## 1) 정의 및 사용용도

고급 점토를 소성하여 만든 속이 빈 대형의 점토제품으로 난간, 돌림대, 주두 등에 석재 조각의 대용품으로 사용한다.

## 2) 특징

① 일반석재보다 가볍고 현장에서 가공 및 구멍뚫기가 어려우므로 미리 가공 제조한다.
② 압축강도는 화강암의 절반 정도이며 내화력은 더 높다.
③ 대리석에 비해 풍화에 강하므로 외장용에 적당하다.

# 기출 및 예상문제

1. 다음의 벽돌쌓기에 대해 간단히 서술하시오.(산업 16-6, 기사 94-5, 99-3, 12-10, 18-11)

   (가) 영식 쌓기 :
   (나) 불식 쌓기 :
   (다) 화란식 쌓기 :
   (라) 미식 쌓기 :

2. 다음에서 설명하는 벽돌쌓기 방식을 쓰시오.(기사 97-11)

   (가) 마구리면이 보이게 쌓는 것 :
   (나) 길이면이 보이게 쌓는 것 :
   (다) 마구리를 세워서 쌓는 것 :
   (라) 길이를 세워서 쌓는 것 :

3. 다음 벽돌벽의 용어를 설명하시오.(산업 96-5, 97-9, 01-4, 10-4, 12-7, 기사 96-9, 10-10, 14-4, 18-4, 18-6, 18-11)

   (가) 내력벽 :
   (나) 장막벽 :
   (다) 중공벽 :

4. 점토벽돌의 품질에 따른 종류 4가지를 쓰시오.(기사 99-5)

   ① _____
   ② _____
   ③ _____
   ④ _____

**5.** 백화현상에 대해 설명하시오.(산업 94-10, 96-7)

**6.** 다음 아치에 대한 설명과 맞는 명칭을 연결하시오.(산업 12-10, 기사 14-4)

〈보기〉 ① 본아치   ② 층두리아치   ③ 막만든 아치   ④ 거친 아치

(가) 벽돌을 주문하여 제작한 것을 사용하는 아치

(나) 보통벽돌을 쐐기모양으로 다듬어 만든 아치

(다) 현장에서 보통벽돌을 써서 줄눈을 쐐기모양으로 한 아치

(라) 아치너비가 넓을 때 반장별로 층을 지어 겹쳐쌓는 아치

**7.** 조적공사 치장줄눈의 종류 6가지를 쓰시오.(산업 93-10, 00-4, 기사 00-4, 16-11)

① _____
② _____
③ _____
④ _____
⑤ _____
⑥ _____

**8.** 다음 치장줄눈의 그림을 보고 각각의 명칭을 쓰시오.(산업 94-5, 97-6, 15-4, 15-7, 기사 97-4, 00-9, 01-11)

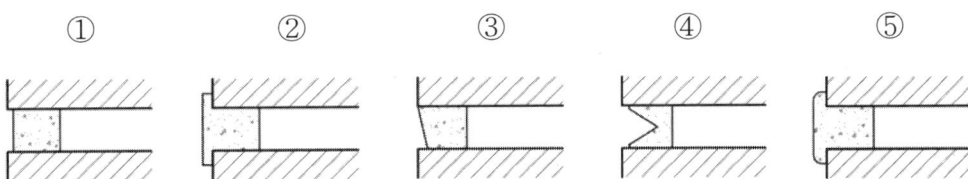

**9.** 다음 보기는 치장줄눈의 종류이다. 표를 보고 상호 관계있는 것을 고르시오.
(기사 12-4)

〈보기〉 평줄눈, 볼록줄눈, 오목줄눈, 민줄눈, 내민줄눈

| 용도 | 의장성 | 형태 |
|---|---|---|
| 벽돌의 형태가 고르지 않은 경우 | 거친 질감 | ① |
| 면이 깨끗하고 반듯한 벽돌 | 순하고 부드러운 느낌, 여성적 선의 흐름 | ② |
| 벽면이 고르지 않은 경우 | 줄눈의 효과를 확실히 함 | ③ |
| 면이 깨끗한 벽돌 | 약한 음영, 여성적 느낌 | ④ |
| 형태가 고르고 깨끗한 벽돌 | 질감을 깨끗하게 연출하며 일반적인 형태 | ⑤ |

**10.** 벽돌공사 시 1일 쌓기량에 대해 기술하시오.(산업 97-11, 기사 98-7)

**11.** 벽돌쌓기 시 주의사항을 5가지 기술하시오.(산업 95-5)

① _____
② _____
③ _____
④ _____
⑤ _____

**12.** 조적공사 시 세로규준틀에 기입해야 할 사항 4가지를 쓰시오.(산업 11-10, 16-4)

① _____
② _____
③ _____
④ _____

**13.** 외벽을 1.0B, 내벽을 0.5B 쌓기하고, 단열재가 50mm일 때 벽체의 총 두께는 얼마인가?
(산업 12-7)

**14.** 아치쌓기 모양에 따른 아치의 종류를 4가지 이상 쓰시오.(기사 92-9, 96-5)

① _____
② _____
③ _____
④ _____

**15.** 벽돌조 건물에서 시공상 결함에 의해 생기는 균열의 원인을 5가지 쓰시오.
(산업 97-11, 12-4, 기사 95-5, 99-9, 15-4, 16-11, 17-11)

① _____
② _____
③ _____
④ _____
⑤ _____

**16.** 조적조 공사에서 벽돌벽의 균열 원인에 대하여 각각 3가지씩 쓰시오.(산업 03-10)

(가) 설계상의 미비로 인한 원인
　①
　②
　③

(나) 시공상의 결함으로 인한 원인
　①
　②
　③

**17.** 다음의 그림은 줄눈의 형태이다. 각 항목에 해당되는 번호를 써 넣으시오.
(산업 00-6)

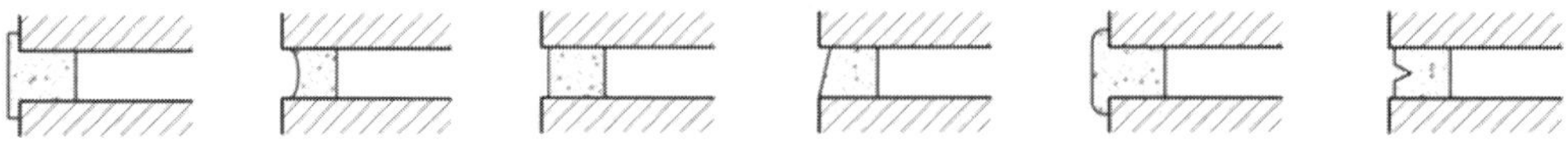

① ② ③ ④ ⑤ ⑥

㉮ 둥근내민줄눈 :　　㉯ 내민줄눈 :　　㉰ 평줄눈 :
㉱ 빗줄눈 :　　㉲ 오목줄눈 :

**18.** 다음 벽돌쌓기 형식의 명칭을 쓰시오.(단, 쌓기 방향은 높이×밑변으로 한다.)
(산업 11-10)

① 57×190　② 57×90　③ 190×57　④ 90×57

**19.** 벽돌쌓기 형식을 4가지 쓰시오.(산업 93-7, 98-7, 99-11, 12-10, 기사 14-4)

① _____
② _____
③ _____
④ _____

**20.** 다음은 공법별 아치쌓기에 대한 설명이다. 해당 명칭을 쓰시오.(산업 12-10, 16-4 기사 14-4, 16-6)

① 공장에서 특별 주문 제작한 벽돌로 쌓은 아치
② 보통벽돌을 쐐기모양으로 다듬어 쌓은 아치
③ 현장에서 보통벽돌을 써서 줄눈을 쐐기모양으로 쌓은 아치
④ 아치너비가 넓을 때에 반장별로 층을 지어 겹쳐 쌓은 아치

**21.** 벽돌공사에서 공간쌓기의 효과를 3가지 쓰시오.(산업 92-9, 02-4, 10-7, 14-7, 15-10)

① _____
② _____
③ _____

**22.** 백화의 원인과 대책을 각각 두 가지씩 쓰시오.(산업 06-9, 기사 94-5, 14-4, 18-6)

```
원인 1)
     2)
대책 1)
     2)
```

**23.** 백화현상(efflorescence)에 대하여 쓰시오.(산업 96-7)

**24.** 조적공사 후에 발생하는 백화현상의 방지책을 4가지 쓰시오.(산업 12-10, 기사 13-11, 16-4)

①  
②  
③  

**25.** 석재의 표면형상에 모치기의 종류를 3가지 쓰시오.(기사 99-9)

①  
②  
③  

**26.** 벽돌공사 시 지면에 접하는 벽에 방습층을 설치하는 목적과 위치, 재료에 대해 간단히 기술하시오.(기사 95-7, 97-4)

```
① 목적 :
② 위치 :
③ 재료 :
```

**27.** 조적식 구조에서 테두리보를 설치하는 목적에 대해 3가지를 쓰시오.(기사 14-4)

① _____
② _____
③ _____

**28.** 다음 벽돌의 m²당 단위 소요량을 써넣으시오.(산업 00-11)

|  | 0.5B | 1.0B | 1.5B | 2.0B |
|---|---|---|---|---|
| 기존형 | ① | ② | ③ | ④ |
| 표준형 | ⑤ | ⑥ | ⑦ | ⑧ |

**29.** 1.0B 쌓기로 1m²을 쌓을 때 기존형 ( ① )매, 표준형 ( ② )매가 소요된다. ( ) 안을 채우시오.(산업 93-10, 98-7)

**30.** 표준형 벽돌 1.5B로 쌓을 경우 1,000장을 쌓을 때의 벽면적은 얼마인가? (기사 00-4)

**31.** 다음과 같은 붉은벽돌을 쌓기 위해서 구입해야 할 벽돌 매수(표준형, 정미량)와 쌓기 모르타르량을 산출하시오. [단, 벽두께 1.0B, 벽길이 100m, 벽높이 3m, 개구부 크기 1.8m×1.2m(10개), 줄눈너비 10mm](산업 94-10, 96-5, 98-10, 01-11 기사 96-9, 97-9, 12-10, 17-6)

가) 벽돌량 :
나) 모르타르량 :

**32.** 길이 100m, 높이 2.4m, 블록벽 시공 시 블록장수를 계산하시오.(단, 블록은 기본형 150×190×390, 할증률 4% 포함)(산업 96-7, 16-6)

**33.** 다음 설명에 해당하는 벽돌쌓기명을 쓰시오.(기사 12-7)

> ① 벽돌벽의 교차부에 벽돌 한 켜 걸름으로 1/4B~1/2B 정도 들여쌓는 것
> ② 긴 벽돌벽 쌓기의 경우 벽 중간 일부를 쌓지 못하게 될 때 차츰 길이를 줄여오는 방법

**34.** 보강블록조에서 반드시 사춤모르타르를 채워야 하는 곳 4가지를 쓰시오. (기사 15-11)

① _____  ② _____
③ _____  ④ _____

**35.** 다음 ( ) 안에 적당한 말을 넣으시오.(산업 98-5)

> 표준형 블록의 길이는 390mm이고 높이는( ① )이며 1m$^2$당 블록의 소요량은 ( ② )매이고 할증률을 포함하면 ( ③ )매이다.

**36.** 표준형 벽돌로 25m$^2$를 1.0B 벽돌쌓기할 때의 벽돌량을 정미량으로 산출하시오. (산업 99-11)

**37.** 폭 4.5m, 높이 2.5m의 벽에 1.5m×1.2m의 창이 있을 경우 19cm×9cm×5.7cm의 붉은 벽돌을 줄눈너비 10mm로 쌓고자 한다. 이때 붉은벽돌의 소요량은 얼마인가? (단, 벽돌쌓기는 0.5B이며 할증은 고려하지 않는다.)(산업 00-2, 기사 96-7)

**38.** 표준형 시멘트벽돌 5,000장을 2.0B 쌓기로 할 경우 벽면적은 얼마인가? (단, 할증률을 고려하고 소수점 셋째자리에서 반올림한다.)(산업 10-9)

**39.** 표준형 시멘트벽돌 3,000장으로 쌓을 수 있는 2.0B 두께의 벽면적은? (단, 할증률 고려, 소수 2자리 이하 버림)(산업 94-7, 97-4)

**40.** 표준형 벽돌로 10m²를 1.5B 벽돌쌓기할 때의 벽돌량과 모르타르량을 산출하시오. (단, 할증률은 고려하지 않음)(산업 99-9 기사 94-10, 96-7, 99-9)

**41.** 길이 10m, 높이 3m의 건물에 1.5B 쌓기 시 모르타르량(m³)과 벽돌사용량은 얼마인지 구하시오.(단, 표준형 시멘트 벽돌, 모르타르량은 소수 두자리 이하 버림)(산업 97-9, 기사 95-10)

> 가) 벽돌량 :
> 나) 모르타르량 :

**42.** 다음 용어를 설명하시오.(산업 10-4)

> ① 블록장막벽 ② 보강블록조 ③ 거푸집블록조

**43.** 다음 이형블록의 사용위치를 간략히 쓰시오.(산업 12-4)

> ① 창대블록 ② 인방블록 ③ 창쌤블록

**44.** 건축재료 중 석재의 대표적인 장점 2가지를 쓰시오.(산업 11-7, 15-4)

① _____
② _____

**45.** 돌공사 치장줄눈의 종류를 4가지만 쓰시오.(산업 11-4, 기사 12-10)

① _____
② _____
③ _____
④ _____

## 46. 석재 공사에 쓰이는 특수공법의 종류 3가지와 방법을 쓰시오.(기사 11-7, 12-7, 16-4, 16-6)

① _____
② _____
③ _____

## 47. 석재시공 시 앵커긴결공법의 특성 3가지를 쓰시오.(기사 11-7)

① _____
② _____
③ _____

## 48. 다음 그림에 맞는 돌쌓기의 종류를 쓰시오.(기사 11-5)

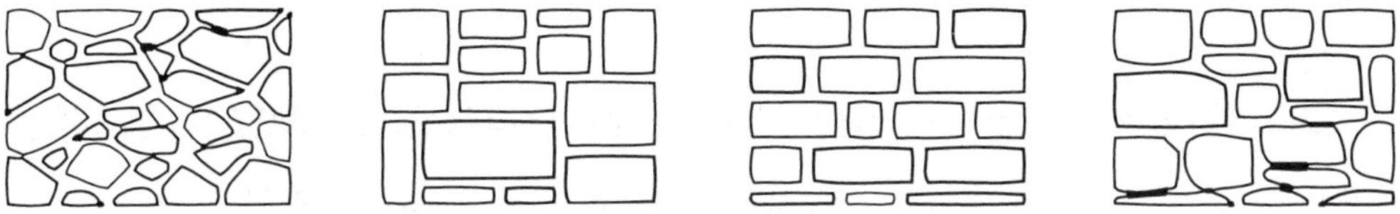

①　　　　　②　　　　　③　　　　　④

## 49. 인조석 표면 마감 방법 3가지를 설명하시오.(기사 10-10, 18-6)

① _____
② _____
③ _____

## 50. 석공사에서 석재의 접합에 사용되는 연결철물의 종류 3가지를 쓰시오.(기사 10-7)

① _____
② _____
③ _____

**51.** 석재가공 및 표면 마무리 공정에서 사용되는 대표적인 공구 4가지를 쓰시오.
(산업 11-7)

① _____
② _____
③ _____
④ _____

**52.** 석재 가공이 완료되었을 때 가공검사항목 4가지를 쓰시오.(산업 10-7)

① _____
② _____
③ _____
④ _____

**53.** 다음의 건축공사 중 표준시방서에 따른 대리석 공사의 보양 및 청소에 관한 설명 중 ( ) 안에 알맞은 내용을 선택하여 ○로 표시하시오.(산업 10-4)

① 설치완료 후 (마른/젖은) 걸레로 청소한다.
② (산류/알칼리류)는 사용하지 않는다.
③ 공사완료 후 인도 직전에 모든 면에 걸쳐서 (마른/젖은) 걸레로 닦는다.

**54.** 대리석의 갈기공정에 대한 마무리 종류를 괄호 안에 써넣으시오.(산업 12-10, 15-7)

① (          ) : #180 카보런덤 숫돌로 간다.
② (          ) : #220 카보런덤 숫돌로 간다.
③ (          ) : 고운 숫돌, 숫가루를 사용, 원반에 걸어 마무리한다.

## 55.
조적공사에서 벽돌 벽체를 보강하기 위하여 테두리보를 설치하는 경우가 많은데 테두리보를 설치함으로써 얻어지는 장점 3가지를 쓰시오.(기사 08-11, 13-4)

①_____
②_____
③_____

## 56.
다음 줄눈의 단면형태를 그리시오.(산업 08-4)

> 가) 볼록줄눈   나) 내민줄눈   다) 민줄눈   라) 오목줄눈

## 57.
조적식 구조의 공간쌓기에 대하여 설명하시오.(기사 13-4, 18-11)

## 58.
길이 50m, 높이 2.6m이며 1.5m×2m인 개구부 10개가 설치된 벽돌벽 쌓기 시 벽돌 정미량과 모르타르 량을 산출하시오.(단, 표준형 벽돌이며 1.0B 쌓기로 한다.)
(기사 13-4)

## 59.
다음 괄호 안에 알맞은 용어와 규격을 쓰시오.(기사 13-11)

> 벽돌조 조적공사시 창호 상부에 설치하는 (  ①  )는 좌우 벽면에
> (  ②  ) 이상 걸친다.

## 60.
다음은 석재 가공순서이다. 괄호 안에 들어갈 각 단계별 공구를 써 넣으시오.
(기사 13-4)

| 공법 | 공구 |
|---|---|
| 혹두기 | ① |
| 정다듬 | ② |
| 도드락다듬 | ③ |
| 잔다듬 | ④ |
| 물갈기 | ⑤ |

**61.** 석공사에서 사용되는 손다듬기(표면 가공) 방법 4가지를 쓰시오.(기사 13-11, 14-4, 15-7)

① _____
② _____
③ _____
④ _____

**62.** 건식 돌붙임에서 석재를 고정, 지지하는 방법 3가지를 쓰시오.(기사 13-7, 14-11, 15-11)

① _____
② _____
③ _____

**63.** 다음 용어에 대해 설명하시오.(건축 90-7, 04-7)

> 캐스트 스톤(Cast Stone)

**64.** 다음은 모르타르 배합비에 따른 재료량이다. 총 $25\text{m}^2$의 시멘트모르타르를 필요로 할 때 각 재료량을 구하시오.(기사 14-11)

| 배합용적비 | 시멘트(kg) | 모래($\text{m}^3$) | 인부(인) |
|---|---|---|---|
| 1:3 | 510 | 1.1 | 1.0 |

① 시멘트량 :
② 모래량 :
③ 인부수 :

**65.** 다음과 같이 마름질된 벽돌의 명칭을 쓰시오.(산업 14-7)

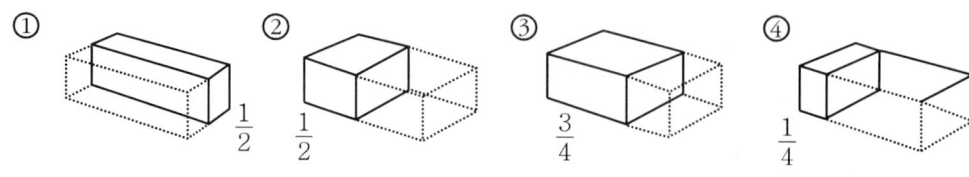

**66.** 다음 용어를 간략히 설명하시오.(기사 14-7)

　① 방습층

　② 벽량


**67.** 다음 보기를 보고 각 항목에 해당되는 석재를 고르시오.(산업 14-7, 기사 18-4)

> 〈보기〉 화강암, 편마암, 응회암, 대리석, 점판암, 사암, 안산암

① 석회석이 변화되어 결정화한 석재로 강도는 매우 높지만 열에 약하고 풍화되기 쉬우며 산에 약하기 때문에 실외용으로는 적합하지 않다.

② 석질이 치밀하고 박판으로 채취할 수 있으므로 슬레이트로써 지붕, 외벽 등에 쓰인다.

③ 수성암의 일종으로 함유 광물의 성분에 따라 암석의 질과 내구성, 강도에 큰 차이를 나타낸다.

④ 강도, 경도, 비중이 크고 내화력도 우수하여 구조용 석재로 쓰이지만 조직과 색조가 균일하지 않고 석리가 있어서 채석 및 가공은 용이하나 대재를 얻기 어렵다.

⑤ 화산에서 분출된 마그마가 급속히 냉각되어 가스가 방출하면서 응고된 다공질의 유리질로써 부석이라고도 불리며 경량콘크리트 골재, 단열재로도 사용된다.


**68.** 길이 12.8m, 높이 2.4m의 벽돌벽을 1.5B쌓기 시 벽돌량 및 모르타르량을 산출하시오. (단, 벽돌은 표준량으로 한다.)(산업 14-7)


**69.** 길이 10m, 높이 2.5m, 1.5B 벽돌벽의 정미량과 모르타르량을 구하시오.(단, 벽돌은 표준형 시멘트벽돌임)(기사 14-7)


**70.** 길이 150m, 높이 3m, 1.0B 시멘트벽돌 벽쌓기시 정미량과 소요량을 산출하시오.(단, 벽돌규격은 표준형임)(산업 14-10)

**71.** 높이 2.5m, 길이 8m인 벽을 시멘트벽돌로 1.5B쌓기 할 때 소요량을 구하시오.
(단, 벽돌은 표준형 190×90×57mm)(기사 16-11)

**72.** 높이 2m, 길이 100m인 벽을 1.0B쌓기 할 때 벽돌 정미량을 구하시오.(단, 벽돌규격은 표준형이다.)(기사 16-6)

**73.** 석재 가공법 5가지를 순서대로 쓰시오.(기사 16-4)

① _____   ② _____
③ _____   ④ _____
⑤ _____

**74.** 다음에서 설명하는 용어를 쓰시오.(기사 15-11)

① 길이면이 보이게 쌓는 벽돌쌓기법
② 창문틀 위에 쌓아서 철근과 콘크리트로 보강할 수 있게 한 U자형 블록

**75.** 다음 〈보기〉에서 화성암을 고르시오.(산업 16-6)

〈보기〉 ① 점판암   ② 화강암   ③ 응회암   ④ 현무암
       ⑤ 안산암   ⑥ 대리석   ⑦ 석회암

**76.** 다음은 석재가공순서이다. ( ) 안에 들어갈 말을 보기에서 골라 넣으시오.(산업 15-10)

〈보기〉 자르기, 마무리, 표면처리
       Gang saw 절단 → ( ① ) → ( ② ) → ( ③ ) → 운반

**77.** 영롱쌓기에 대해 간략히 설명하시오.(산업 15-7)

78. 표준형 벽돌(190×90×57mm)로 15m²를 2.0B 쌓기 시 벽돌 사용량과 모르타르량을 계산하시오. 단, 할증은 고려하지 않는다.(기사 18-4)




79. 다음은 벽돌 쌓기법에 대한 설명이다. 각각 해당하는 명칭을 적으시오.(기사 17-6)

① 5켜 길이쌓기, 1켜 마구리쌓기를 반복하는 방식

② 매 켜에 길이쌓기와 마구리쌓기가 번갈아 나오는 방식

③ 한 켜는 길이쌓기, 다음 켜는 마구리쌓기로 하고 마구리쌓기 층의 모서리에 이오토막 또는 반절을 넣어 통줄눈이 생기는 걸 막는 방식

④ 영식쌓기와 거의 같으나 길이 층의 모서리에 칠오토막을 사용하는 방식


80. 장식용 테라코타의 용도 4가지를 쓰시오.(기사 18-6)

① _____
② _____
③ _____
④ _____


81. 다음은 조적공사의 방습층에 대한 내용이다. 괄호 안을 채우시오.(기사 18-11)

> ( ① ) 줄눈 아래에 방습층을 설치하며, 시방서가 없을 경우 현장 책임자에게 허락을 받아 ( ② )를 혼합한 모르타르를 ( ③ )mm 두께로 바른다.

## 해 답

1. (가) 한 켜에 길이쌓기, 다음 켜는 마구리쌓기로 하며 모서리에 반절 또는 이오토막을 사용하여 통줄눈을 없앤다.
   (나) 매 켜에 길이와 마구리쌓기가 번갈아 나오게 하는 형식
   (다) 한 켜에 길이쌓기, 다음 켜는 마구리쌓기로 하며 모서리에 칠오토막을 사용한다.
   (라) 5켜 정도를 길이쌓기하고 다음 켜에 마구리쌓기를 하는 방법

2. (가) 마구리쌓기, (나) 길이쌓기, (다) 옆세워쌓기, (라) 길이세워쌓기

3. (가) 벽체, 바닥, 지붕 등의 하중을 받아 기초에 전달하는 벽
   (나) 상부의 하중을 받지 않고 자체의 하중만 받는 간막이벽
   (다) 단열, 방음, 방습의 목적으로 벽체 중간에 공간을 두어 이중으로 쌓는 벽

4. 보통벽돌, 내화벽돌, 이형벽돌, 경량벽돌

5. 벽돌의 황산나트륨과 모르타르의 소석회가 빗물 등에 의해 화학반응을 일으켜 벽면에 흰가루가 발생하는 현상

6. (가) ①, (나) ③, (다) ④, (라) ②

7. 평줄눈, 오목줄눈, 내민줄눈, 민줄눈, 빗줄눈, 볼록줄눈

8. ① 평줄눈 ② 내민줄눈 ③ 엇빗줄눈 ④ 줄째기줄눈 ⑤ 둥근내민줄눈

9. ① 평줄눈 ② 볼록줄눈 ③ 내민줄눈 ④ 오목줄눈 ⑤ 민줄눈

10. 하루 1.2~1.5m 이하로 쌓아야 하며 일반적으로 1.2m로 한다.

11. ① 하루 쌓는 높이를 1.2m~1.5m 정도로 한다.
    ② 벽돌쌓기 전 벽돌에 충분한 물축임을 한다.
    ③ 도중에 쌓기를 중단할 때에 벽 중간은 층단 떼어쌓기를 하고 교차벽은 켜걸름 들여쌓기를 한다.
    ④ 굳기 시작한 모르타르는 사용하지 않는다.(가수 후 1시간 이내)
    ⑤ 벽체의 수장을 위해 나무벽돌, 고정철물 등은 미리 설치하여 둔다.

12. ① 쌓기단수 및 줄눈표시
    ② 창문틀의 위치 및 규격
    ③ 매립철물 및 나무벽돌 위치
    ④ 테두리보 설치 위치

13. 190mm(1.0B)+90mm(0.5B)+50mm(공간)=**330mm**

14. 반원아치, 결원아치, 평아치, 고딕아치

15. ① 이질재와의 접합부

② 재료의 신축성
③ 벽돌 및 모르타르 강도 부족
④ 모르타르 바름의 들뜨기
⑤ 모르타르 다져넣기 부족

**16.** (가) 설계상의 원인
① 기초의 부동침하
② 건물의 평면, 입면의 불균형 및 벽의 불합리 배치
③ 불균형 하중

(나) 시공상의 원인
① 벽돌 및 모르타르의 강도 부족
② 온도 및 흡수에 따른 재료의 신축성
③ 이질재와의 접합부 시공 결함

**17.** ㉮ ⑤, ㉯ ①, ㉰ ③, ㉱ ④, ㉲ ②

**18.** ① 길이쌓기  ② 마구리쌓기  ③ 길이옆세워쌓기  ④ 마구리옆세워쌓기

**19.** 영식 쌓기, 미식 쌓기, 화란식 쌓기, 불식 쌓기

**20.** ① 본아치  ② 막만든 아치  ③ 거친 아치  ④ 층두리아치

**21.** 방습, 단열, 방음

**22.** 원인 1) 모르타르 속 석회가 공기 중의 탄산가스와 반응하여 발생한다.
2) 벽돌 속 황산나트륨이 공기 중의 탄산가스와 반응하여 발생한다.

대책 1) 소성이 잘 된 양질의 벽돌과 모르타르를 사용한다.
2) 파라핀 도료를 발라 염류의 방출을 방지한다.

**23.** 벽면에 스며드는 빗물에 의해 모르타르의 석회분이 수산화석회로 되어 대기 중의 탄산가스와 화학반응을 일으켜 벽면에 흰 분말성 얼룩이 생기는 현상

**24.** ① 소성이 잘된 양질의 벽돌을 사용한다.
② 파라핀 도료를 발라서 염류의 방출을 방지한다.
③ 줄눈에 방수제를 사용하여 밀실시공한다.
④ 벽면에 빗물이 닿지 않도록 비막이를 설치한다.

**25.** 혹두기, 빗모치기, 두모치기, 세모치기 中 세 가지 선택

**26.** ① 목적 : 지중의 습기가 벽돌 벽체로 상승하는 것을 막는다.
② 위치 : 지반과 마루 밑 또는 콘크리트 바닥 사이에 설치한다.
③ 재료 : 방수 모르타르 또는 아스팔트 모르타르를 1~2cm 두께로 바른다.

**27.** ① 분산된 벽체를 일체로 하여 하중을 균등하게 분포
② 수직 균열의 방지
③ 세로 철근의 정착

**28.** ① 65매  ② 130매  ③ 195매  ④ 260매  ⑤ 75매  ⑥ 149매  ⑦ 224매  ⑧ 298매

**29.** ① 130  ② 149

**30.** 벽돌량=단위수량×벽면적이므로
벽면적=벽돌량÷단위수량=1000÷224=4.46m²

**31.** 가) 벽돌량
(100m×3m−1.8m×1.2m×10개)×149장=278.4×149=41481.6
≒ **41482장(정수값)**

나) 모르타르량
(41482÷1000)×0.33m³=13.689≒**13.69m³**

**32.** 기본형 블록 단위수량은 m²당 13장이므로(할증률 포함)
블록량=100×2.4×13장=**3120장**

**33.** ① 켜걸름 들여쌓기  ② 층단 떼어쌓기

**34.** ① 모서리  ② 교차부  ③ 개구부 주위  ④ 벽 끝

**35.** ① 190mm  ② 12.5  ③ 13

**36.** 벽돌량=벽면적×단위수량=25m²×149=**3725장**

**37.** 벽돌량=벽면적×단위수량
= {(4.5×2.5)−(1.5×1.2)}×75=708.25
∴ **709장**(벽돌량은 정수로 계산)

**38.** 벽면적=$\frac{5000}{298 \times 1.05}$=15.979=**15.98m²**

**39.** 벽돌량=벽면적×단위수량이므로
3000장=벽면적×(298×1.05)
∴ 벽면적=3000÷312.9=9.5877≒**9.58m²**(소수 2자리 이하 버림)

**40.** ① 벽돌량=224×10=**2240장**
② 모르타르량=2240÷1000×0.35=**0.78m³**

**41.** 가) 벽돌량=벽면적×단위수량=10m×3m×224(장)=**6720(장)**
나) 모르타르량=(벽돌정미량÷1000)×단위수량=6720÷1000×0.35m³=**2.35m³**

**42.** ① 블록장막벽 : 상부 하중을 받지 않는 간막이벽에 블록을 쌓는 것
② 보강블록조 : 블록의 빈 속에 철근과 콘크리트를 부어 넣어 보강한 구조
③ 거푸집블록조 : 블록으로 형틀을 만들고 그 속에 철근과 콘크리트를 채워넣는 구조

**43.** ① 창틀 아래  ② 창틀 위  ③ 창틀 옆

**44.** ① 다양한 색조와 질감으로 외관이 미려하다.
② 압축강도가 크다.
③ 불연성, 내구성, 내마모성, 내수성 등이 우수하다.(택 2)

**45.** 평줄눈, 민줄눈, 오목줄눈, 빗줄눈

**46.** ① 모래분사법 : 모래를 고압증기로 분사하여 석재 표면을 가공하는 마감법
② 버너구이법 : 버너로 표면을 달군 후 찬물을 뿌려 급랭 시 표면에 박리현상이 생기게 하는 마감법
③ 플래너마감법 : 석재표면을 연마기계로 매끄럽게 깎아내어 다듬는 마감법

**47.** ① 석재 긴결시공 후 하자 발생 시 부분적인 보수가 용이하다.
② 물을 사용하지 않기 때문에 공사시간이 짧고 동절기에도 시공이 가능하다.
③ 앵커에 고정시키므로 하루 붙임 높이의 제약이 없다.
④ 모르타르를 사용하지 않으므로 백화현상의 우려가 없다.

**48.** ① 막돌쌓기  ② 마름돌쌓기  ③ 바른층쌓기  ④ 허튼층쌓기

**49.** ① 씻어내기 : 주로 외벽의 마무리에 사용되며 솔로 2회 이상 씻어낸 후 물로 씻어 마감한다.
② 물갈기 : 인조석이 경화된 후 갈아내기를 반복하여 금강석 숫돌, 마감숫돌의 광내기로 마감한다.
③ 잔다듬 : 인조석 바름이 경화된 후 정, 도드락망치, 날망치 등으로 두드려 마감한다.

**50.** 은장, 꺾쇠, 촉

**51.** 쇠메, 정, 도드락망치, 날망치

**52.** 마무리 치수 정확도, 모서리의 직각, 노출되는 전면의 평활성, 다듬기 상태의 일정함

**53.** ① 마른  ② 산류  ③ 마른

**54.** ① 거친갈기  ② 물갈기  ③ 본갈기

**55.** ① 수직하중을 균등하게 분산시킨다.
② 수직균열을 방지한다.
③ 집중하중 부분을 보강한다.

**56.** 가    나    다    라

**57.** 단열, 방음, 방습의 목적으로 외벽의 중간에 공간을 두어 이중으로 쌓는 시공법이다.

**58.** ① 벽돌 정미량=벽면적×단위수량
={(50m×2.6m)−(1.5m×2m×10개)}×149장
=14,900장

② 모르타르량=(벽돌 정미량 / 1,000장)×단위수량
=(14,900장 / 1,000장)×0.33㎥
=4.917≒4.92㎥

**59.** ① 인방보   ② 20cm

**60.** ① 쇠메   ② 정   ③ 도드락망치   ④ 양날망치   ⑤ 숫돌, 모래

**61.** 혹두기, 정다듬, 도드락다듬, 잔다듬

**62.** 트러스 시스템, 앵글 지지법, 앵글 및 플레이트 지지법

**63.** 인조석 바름 후 경화된 표면을 석공구로 잔다듬하여 마무리하는 것으로 인조석 잔다듬이라고도 한다.

**64.** ① 시멘트량=510kg×25=12,750kg
② 모래량=1.1㎥×25=27.5㎥
③ 인부수=1인×25=25인

**65.** ① 반절   ② 반토막   ③ 칠오토막   ④ 이오토막

**66.** ① 지면에 접하는 벽돌벽에 습기가 타고 올라오는 것을 막기 위해 설치하는 층
② 내력벽 길이의 총 합계를 그 층의 바닥면적으로 나눈 값

**67.** ① 대리석   ② 점판암   ③ 사암   ④ 안산암   ⑤ 응회암

**68.** 벽돌량=벽면적×단위수량=(12.8×2.4)×224=6,881.28   ∴6,882장

모르타르량=$\dfrac{6,882}{1,000}×0.35㎥=2.4028㎥$   ∴2.41㎥

**69.** • 정미량=25×224=5,600장

• 모르타르량=$\dfrac{5,600}{1,000}×0.35=1.96㎥$

**70.** 정미량=벽면적×단위수량=450×149=67,050
∴ 정미량=67,050장
소요량=67,050×1.05=70,402.5
∴ 소요량 70,403장

**71.** 벽돌량(소요량)=(2.5m×8m)×224장×1.05=4,704장

**72.** 벽돌량(정미량)=(2m×100m)×149장=29,800장

**73.** ① 혹두기(메다듬)  ② 정다듬  ③ 도드락다듬  ④ 잔다듬  ⑤ 물갈기

**74.** ① 길이쌓기  ② 인방블록

**75.** ②, ④, ⑤

**76.** ① 표면처리  ② 자르기  ③ 마무리
※ Gang saw : 할석기, 여러 장의 판재를 동시에 절삭할 때 쓰인다.

**77.** 벽돌벽 중간부에 벽돌을 비워서 구멍이 생기도록 쌓는 방식

**78.** ① 벽돌량 : 15 × 298 = 4,470매
② 모르타르량 : $\frac{4,470}{1,000} \times 0.36 = 1.61 \text{m}^3$

**79.** ① 미식 쌓기  ② 불식 쌓기  ③ 영식 쌓기  ④ 화란식 쌓기

**80.** ① 난간벽  ② 주두  ③ 돌림띠  ④ 창대

**81.** ① 수평  ② 액체방수제  ③ 10

# 제4장 목공사

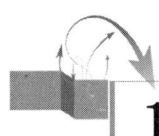

## 1. 일반사항

### 1) 분류

① 수종에 의한 분류
  ㉠ 침엽수 : 소나무, 삼나무, 낙엽송, 잣나무, 측백나무
    (주로 구조재로 쓰임. 연질재)
  ㉡ 활엽수 : 떡갈나무, 참나무, 오동나무, 버드나무, 나왕
    (치장, 가구재 등으로 쓰임. 경질재)

② 용도
  ㉠ 구조재의 요구 성능
    • 강도가 크고 곧고 길 것
    • 수축과 변형이 적을 것
    • 충해에 대한 저항성이 클 것
    • 양질이며 공작이 용이할 것
  ㉡ 수장재의 요구 성능
    • 결과 무늬, 빛깔이 아름다울 것
    • 건조가 잘 된 부재일 것
    • 수축과 변형이 적을 것
    • 재질감이 좋을 것

### 2) 규격

① 목재의 정척길이
  ㉠ 정척물 : 길이 1.8m, 2.7m, 3.6m인 것
  ㉡ 장척물 : 길이 4.5m, 5.4m인 것
  ㉢ 단척물 : 길이 0.9m인 것
  ㉣ 난척물 : 위에 해당되지 않는 것

② 목재의 취급단위
- 1푼=0.303…cm≒0.3cm
- 1치=3.030…cm≒3cm
- 1자=30.303…cm≒30cm
- 1재(才)=1치×1치×12자=3240cm$^3$=0.00324m$^3$
- 1평=6자×6자
- 1석(石)=1자×1자×10자=83.3재

### 3) 목재의 검수 및 저장

① 검수사항 : 길이, 흠, 수량, 수종

② 보관(저장) 시 주의사항
- 땅바닥에 목재가 닿지 않도록 보관할 것
- 종류, 규격, 용도별로 구분하여 보관할 것
- 습기가 차지 않도록 자주 환기시킬 것
- 흙, 먼지, 시멘트 가루가 묻지 않도록 보관할 것

## 2. 목재의 성질

### 1) 심재와 변재

① 심재 : 나무줄기의 중앙부분으로 수분이 적고 단단하다.

② 변재 : 나무 외피에 가까운 부분으로 부피가 많고 심재보다 무르다.

| 비교사항 | 심재 | 변재 |
|---|---|---|
| 비중 | 크다 | 작다 |
| 신축(수축성) | 작다 | 크다 |
| 내구성, 강도 | 크다 | 작다 |
| 흡수율 | 작다 | 크다 |

### 2) 나무결

① 곧은결 : 연륜에 직각되는 방향면

② 널결 : 연륜에 평행되는 방향면

③ 엇결 : 제재목의 결이 심히 경사진 것

### 3) 목재의 흠

① 갈라짐 : 건조수축에 의해 목재 내부가 갈라진다.
② 옹이 : 나뭇가지의 밑둥이 남아 결의 형태가 얽힌 것
③ 껍질박이 : 목질 외부의 상처로 인해 내부에 껍질이 말려들어간 것
④ 썩음 : 부패균의 침투로 부분 또는 전체가 썩는다.
⑤ 송진구멍

### 4) 함수율 및 강도

① 함수율

| 목재 | 함수율 | 특성 |
|---|---|---|
| 전건재 | 0% | 강도가 섬유포화점의 3배로 주로 구조재로 사용 |
| 기건재 | 10~15% | 강도가 섬유포화점의 1.5배 |
| 섬유포화점 | 30% | 섬유포화점 이상에서는 강도 변화가 없으며 함수율이 낮아지면 강도가 커진다. |
| 수장재 용도의 목재 함수율 15% 내외, 구조재 용도의 목재 함수율 20% | | |

② 강도
　㉠ 함수율이 작아질수록 강도는 증가한다.
　㉡ 섬유포화점 이상의 함수율에서는 강도 변화가 없다.
　㉢ 비중이 클수록 강도는 크다.
　㉣ 섬유 평행방향의 강도가 직각방향보다 크다.

## 3. 목재의 건조, 방부, 방염

### 1) 건조

① 자연건조법
　㉠ 대기건조법 : 옥외에 방치하여 기건상태까지 건조. 오랜 시간이 걸린다.
　㉡ 수침법 : 생목을 수중에 3~4주 정도 담그면 수액이 빠져나가고 그 후 대기에 건조시키는 방법으로 건조시간이 단축된다.
② 인공건조법
　㉠ 훈연법 : 짚, 톱밥 등을 태운 연기를 건조실에 도입하여 건조시키는 방법
　㉡ 열기법 : 건조실 내 공기를 가열하거나 가열공기를 넣어 건조시키는 방법

ⓒ 증기법 : 건조실을 증기로 가열하여 건조시키는 방법. 가장 많이 쓰임

ⓔ 진공법 : 원통형 탱크 속에 목재를 넣고 밀폐하여 고온저압 상태에서 수분을 제거

### 2) 방부

① 목재의 부패조건
- ⊙ 온도 : 부패균은 5~45℃의 범위에서 발육하고 20~35℃에서 가장 왕성하며 4℃ 이하 55℃ 이상에서는 거의 번식하지 못한다.
- ⓒ 습기 : 부패균은 목재 함수율이 20% 이상이 되면 발육을 시작하며 40~55%에서 가장 왕성하고 15% 이하로 건조하면 번식이 중단된다.
- ⓒ 공기 : 부패균은 생장에 공기가 필요하므로 공기를 차단하면 부식하지 않는다.
- ⓔ 양분 : 목질부와 수피의 접촉부가 제일 먼저 썩기 때문에 방부처리한다.

② 방부처리방법
- ⊙ 도포법 : 크레소오트, 콜타르 등을 솔을 써서 도포
- ⓒ 침지법 : 방부제 용액에 담근다.
- ⓒ 생리적 주입법 : 벌목 전 뿌리에 방부액을 주입한다.
- ⓔ 가압 주입법 : 방부제를 고압하에서 주입한다.
- ⓜ 표면 탄화법 : 목재의 표면을 태운다.

### 3) 방화

① 방법 : 목재 표면에 불연성 도료를 칠하여 불꽃의 접촉을 막는 동시에 가연성 가스의 발산을 막고 목재에 방화제를 주입시켜 인화점을 높인다.

② 방화(염)제 : 인산암모늄, 황산암모늄, 규산나트륨, 탄산나트륨, 붕사

# 4. 철물 및 교착제

## 1) 철물

① 못 : 못 길이는 널 두께의 2.5~3배로 하고 15° 정도 기울게 박는다.

② 볼트
- ⊙ 인장력을 받을 때 사용하며 볼트 구멍은 볼트 지름보다 3mm 이상 커서는 안 된다.
- ⓒ 구조용은 12mm 이상, 경미한 곳은 9mm 정도의 지름을 사용한다.

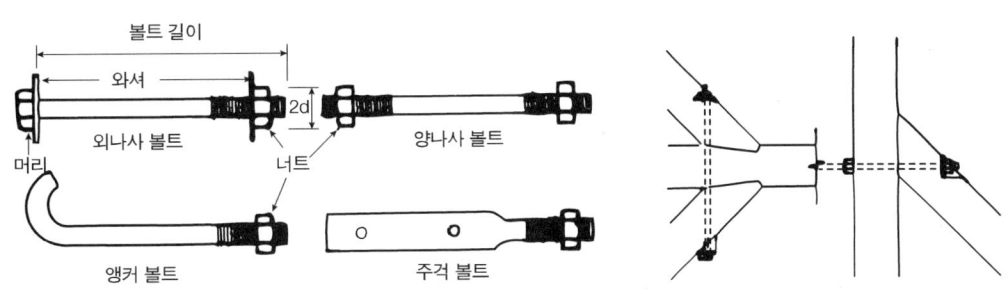

**각종 볼트와 볼트 조이기**

③ 듀벨
　㉠ 볼트와 같이 사용하여 전단에 견디도록 한 보강철물
　㉡ 듀벨 배치는 동일 섬유방향에 대해서 엇갈리게 배치한다.
④ 기타 철물 : 꺾쇠, 띠쇠, ㄱ자쇠,

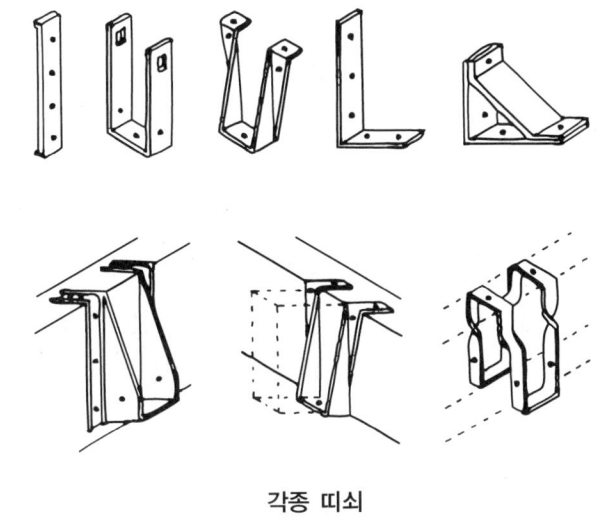

**각종 띠쇠**

## 2) 접착제

① 접착력 크기의 순서 : 에폭시 > 요소계 > 멜라민계 > 에스테르수지 > 초산비닐계
② 내수성 크기의 순서 : 실리콘 > 에폭시 > 페놀 > 멜라민계 > 요소계

# 5. 가공

## 1) 가공순서

① 건조처리
② 먹매김 : 목재의 마름질, 바심질을 위해 심먹을 넣고 가공형태를 그리는 것

③ 마름질 : 목재를 크기에 따라 각 부재의 소요길이로 잘라내는 것
④ 바심질 : 구멍뚫기, 홈파기, 면접기 등 대패질 등으로 목재를 다듬는 것
⑤ 세우기

## 2) 먹매김 부호

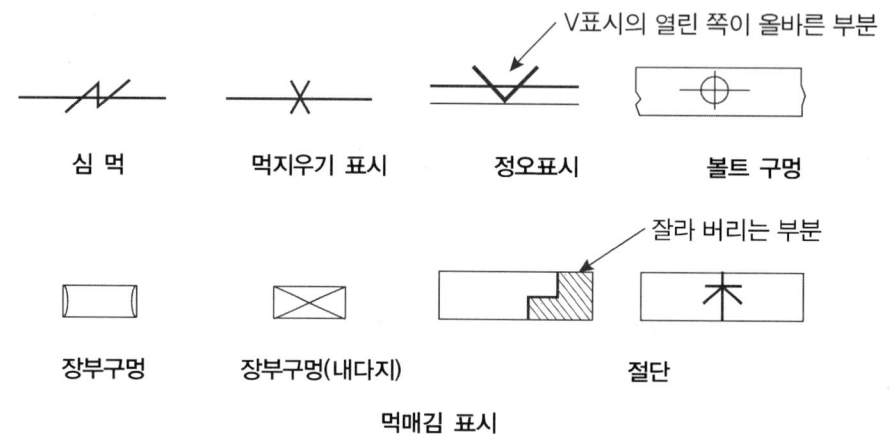

먹매김 표시

## 3) 마무리 및 모접기

① 마무리 정도
  ㉠ 막대패질(거친 대패질) : 제재 톱자국이 간신히 없어질 정도의 대패질
  ㉡ 중대패질 : 제재 톱자국이 완전히 없어지고 평활한 정도의 대패질
  ㉢ 마무리 대패질(고운 대패질) : 미끈하여 완전 평활한 대패질

② 모접기

대패질한 재는 사용 개소에 따라 모접기(면접기)를 한다.

| 실모 | 둥근모 | 쌍사모 | 게눈모 |
|---|---|---|---|
|  |  |  |  |

| 큰모 | 실오리모 | 평골모 | 티미리 |
|---|---|---|---|
|  |  |  |  |

## 4) 목재 가공 시 주의사항

① 목재의 결점에서 이음, 맞춤을 피함
② 이음, 맞춤은 응력이 작은 곳에서 행함
③ 심재, 변재 등 목재의 건조변형을 고려
④ 치장부분은 먹줄이 남지 않게 대패질
⑤ 줄 구멍, 볼트 구멍은 깊이를 정확하게 유지

# 6. 접합

## 1) 이음

① 정의 : 부재를 길이 방향으로 길게 접합하는 것 또는 그 자리

② 종류

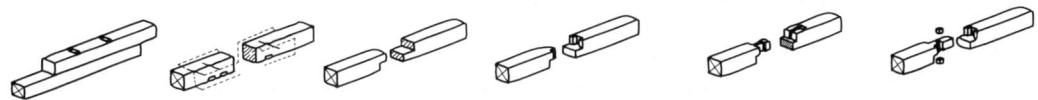

겹침이음 　맞댄이음 　반턱이음 　턱걸이 주먹장이음 　턱걸이 메뚜기장이음 　긴촉이음

턱솔이음 　엇걸이촉이음 　엇걸이홈이음 　엇걸이산지이음 　은장이음

엇빗이음 　빗이음 　촉볼트이음 　빗걸이이음

③ 주요 이음

| 구 분 | 방 법 | 용 도 |
|---|---|---|
| 맞댄이음 | 재를 서로 맞대고 덧판(널, 철판)을 써서 볼트 또는 못치기한 것 | 평보 |
| 겹친이음 | 재를 겹쳐대고 못, 볼트, 듀벨 등을 친 것 | 간단한 구조<br>통나무 비계 |
| 반턱이음 | 서로 턱을 내어 재를 겹쳐대고 못, 볼트, 듀벨 등을 친 것 | 장선 |
| 주먹장이음 | 가장 손쉽고 비교적 좋은 이음 | 토대, 멍에, 도리 |
| 빗이음 | 경사로 맞대어 잇는 방법 | 서까래, 지붕널 |
| 엇빗이음 | 가위처럼 갈라진 두 개의 촉이 서로 반대경사로 빗이음한 것 | 반자틀, 반자살대 |
| 턱솔이음 | 옆으로 물러나는 것을 막을 목적으로 하는 이음촉의 총칭 | 일반수장재 이음 |

④ 위치별 이음의 종류
  ㉠ 심이음 : 부재의 중심에서 이음한 것
  ㉡ 내이음 : 중심에서 벗어난 위치에서 이음한 것
  ㉢ 베개이음 : 가로 받침대를 대고 이음한 것
  ㉣ 보아지 이음 : 심이음에 보아지(받침대)를 댄 것

## 2) 맞춤

① 정의 : 부재를 직각이나 경사를 두어 접합하는 것
② 종류

| 구 분 | 방 법 | 용 도 |
|---|---|---|
| 반턱맞춤 | 가장 간단한 직교재의 맞춤 | 일반용 |
| 걸침턱맞춤 | 부재의 턱을 따내고 직교하는 재가 통으로 내려 끼이게 된 나무의 맞춤 | 지붕보+도리<br>층보+장선 |
| 안장맞춤 | 작은 재를 두 갈래로 중간을 파내고 큰 재의 쌍구멍에 끼워 맞추는 맞춤 | 평보+ㅅ자보 |
| 주먹장부맞춤 | 장부모양이 주먹장형으로 된 것 | 토대 T형 부분<br>토대+멍에 |
| 턱장부맞춤 | 장부에 작은 턱을 붙인 것 | 토대, 창문의 모서리 맞춤 |
| 연귀맞춤 | 직교되거나 경사로 교차되는 부재의 마구리가 보이지 않게 45°로 빗잘라 대는 맞춤 | 가구, 창문의 모서리 맞춤 |

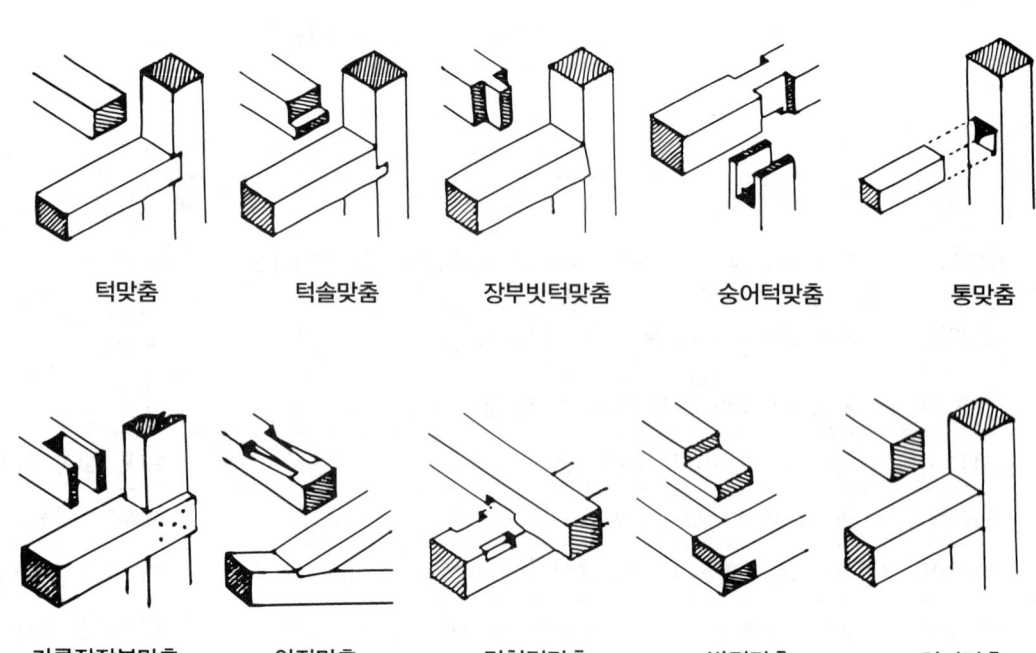

턱맞춤　　턱솔맞춤　　장부빗턱맞춤　　숭어턱맞춤　　통맞춤

가름장장부맞춤　　안장맞춤　　걸침턱맞춤　　반턱맞춤　　허리맞춤

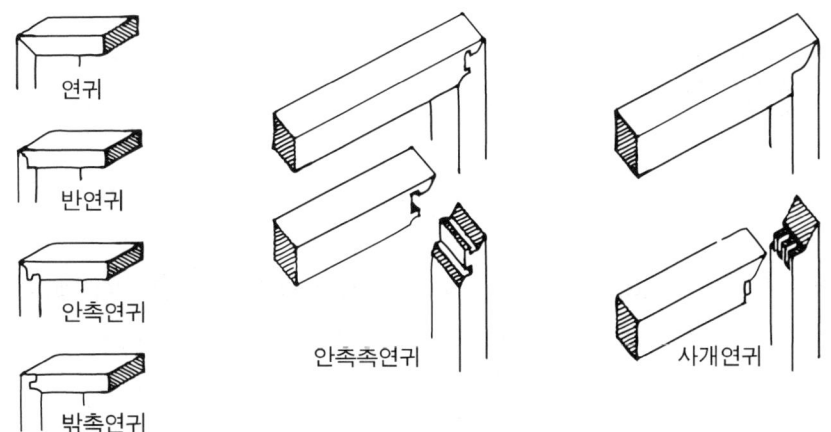

### 3) 쪽매

① 정의 : 부재를 섬유방향과 평행으로 옆으로 대어 붙이는 것

② 종류

　㉠ 맞댄쪽매 : 경미한 구조에 이용

　㉡ 반턱쪽매 : 거푸집, 두께 15mm 미만 널에 사용

　㉢ 빗쪽매 : 반자틀, 지붕널에 사용

　㉣ 제혀쪽매 : 가장 많이 사용하며 마루널 깔기에 사용

　㉤ 오늬쪽매 : 흙막이 널말뚝에 사용

　㉥ 딴혀쪽매 : 마루널 깔기에 사용

　㉦ 틈막이대쪽매 : 징두리 판벽, 천장에 사용

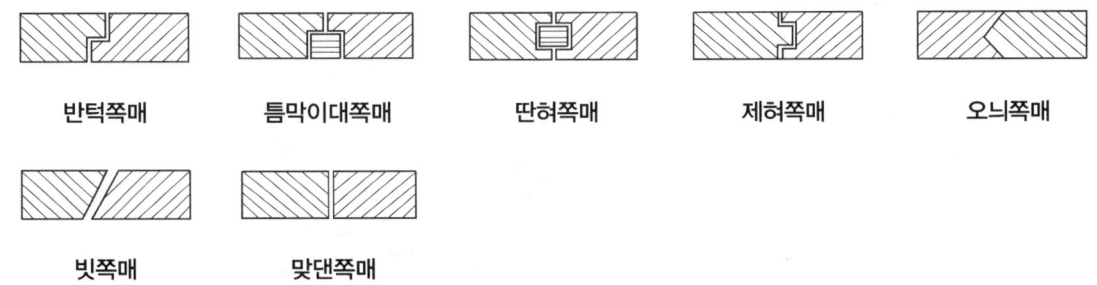

### 4) 접합 시 주의사항

① 응력이 작은 곳에서 한다.

② 단면방향은 응력에 직각되게 한다.

③ 적게 깎아서 약해지지 않게 한다.

④ 모양에 치우치지 않게 간단하게 한다.

⑤ 응력이 균등하게 전달되게 한다.

## 7. 세우기

### 1) 순서
① 목조 전체 세우기 : 토대 → 1층 벽체 뼈대 → 2층 마루틀 → 2층 벽체 뼈대 → 지붕틀
② 벽체 뼈대 세우기 : 기둥 → 인방보 → 층도리 → 큰보

### 2) 기둥
① 통재기둥 : 아래층에서 위층까지 1개의 부재로 된 기둥
② 평기둥 : 1층 높이로 세워지는 기둥. 약 2m 간격으로 배치한다.
③ 샛기둥 : 통재기둥과 평기둥 사이 45cm 내외 간격으로 설치하며 가새의 옆 휨을 막는다.

### 3) 도리
① 층도리 : 2층 마룻바닥이 있는 부분에 수평으로 대는 가로재
② 깔도리 : 기둥 또는 벽 위에 놓아 지붕보 또는 평보를 받는 도리. 절충식에서는 생략된다.
③ 처마도리 : 양식 구조에서는 깔도리 위에 걸친 보 위에 깔도리와 같은 방향으로 처마도리를 걸쳐대어 서까래를 받는다.
④ 횡력에 대한 보강재 : 가새, 귀잡이, 버팀대

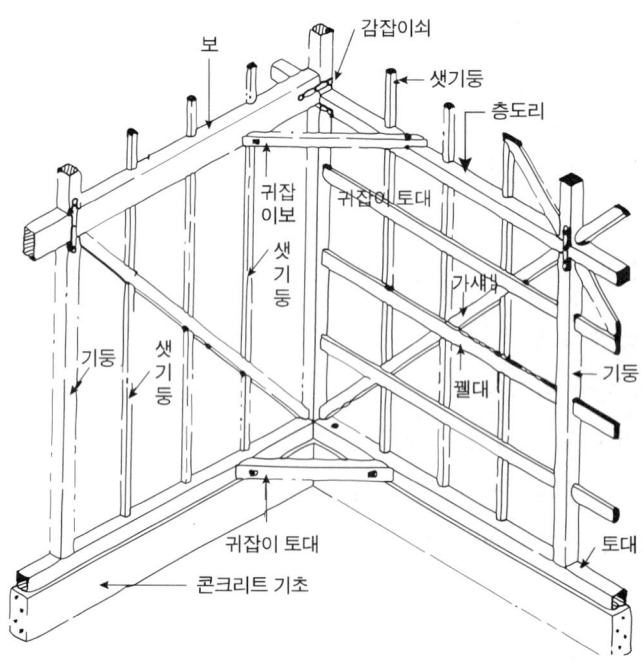

## 4) 반자

① 종류

ⓐ 바름반자 : 콘크리트바탕, 졸대바탕, 회반죽, 모르타르 바름

ⓑ 널반자 : 치받이널반자, 살대반자, 우물반자

ⓒ 넓은판 반자 : 합판, 금속판, 음향효과판

ⓓ 구성반자 : 합판, 플라스틱판, 층단반자

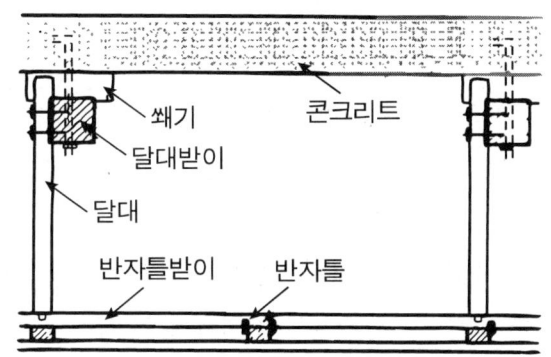

② 반자틀 설치 순서

ⓐ 달대받이

ⓑ 반자돌림대

ⓒ 반자틀받이

ⓓ 반자틀

ⓔ 달대

## 5) 마루

① 1층 마루

ⓐ 동바리마루 : 주춧돌 → 동바리기둥 → 멍에 → 장선 → 마루널(밑창널 → 방수지 → 마루널)

ⓑ 납작 마루 : 주춧돌 → 멍에 → 장선 → 마루널

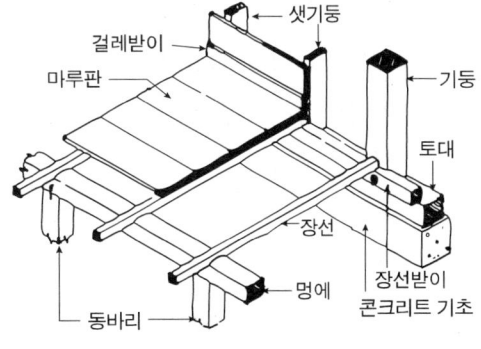

1층 마루

② 2층 마루

ⓐ 홑마루(장선마루) : 장선 → 마루널. 간사이 2.4m 미만

ⓑ 보마루 : 보 → 장선 → 마루널. 간사이 2.4~6.4m

ⓒ 짠마루 : 큰보 → 작은보 → 장선 → 마루널. 간사이 6.4m 초과

### 6) 목조계단 설치 순서

① 1층 멍에, 계단참, 2층받이 보
② 계단옆판, 난간엄지기둥
③ 디딤판, 챌판
④ 난간동자
⑤ 난간두겁

### 7) 목재 가공제품

① 합판 : 건조된 얇은 단판을 섬유방향이 서로 직교되게 3, 5, 7장의 홀수 겹으로 겹친 것
② 파티클 보드 : 목재의 소편 부스러기를 주원료로 하여 유기질 접착제로 성형 열압하여 판재로 만든 제품
③ M.D.F : 톱밥 등에 접착제를 투입한 후 압축 가공해서 합판 모양의 판재로 만든 것
④ 코르크판 : 코르크나무 껍질에서 채취한 소편을 증기 등으로 가열 가압하여 판재로 만든 제품으로 흡음재, 단열재로 사용

## 8. 목공사 적산

### 1) 통나무 목재량 계산

① 통나무는 일반적으로 길이 1m마다 둘레가 1.5~2cm씩, 즉 길이의 1/60씩 밑둥이 굵어진다. 따라서 총 길이 6m 미만과 이상인 것으로 구분하여 계산한다.

② 길이 6m 미만인 통나무
통나무 마구리 지름을 한 변으로 하는 정사각형을 밑둥으로 하는 직육면체로 체적을 계산한다.

$$V = D \times D \times L$$

여기서, $D$=통나무 마구리 지름(m)
$L$=통나무 길이(m)

③ 길이 6m 이상인 통나무
마구리 지름보다 좀 더 큰 가상의 정사각형 한 변 길이를 다음과 같이 만들어 $D'$를 구하여 통나무 체적을 계산한다.

$$D' = D + \frac{L-4}{2}$$

여기서, $D'$=가상의 마구리 지름

$D$ = 통나무의 원래 마구리 지름
$L$ = 1m 미만을 버린 통나무 길이의 m 단위 정수값
$V = D' \times D' \times L$

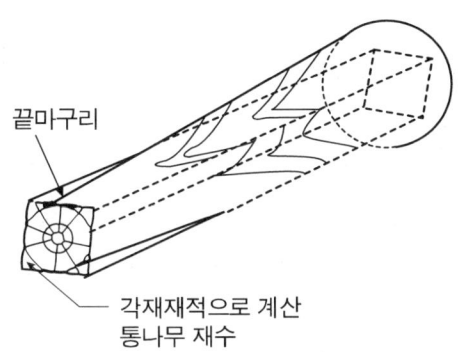

### 2) 창호 적산 시 유의사항

수평재와 수직재를 각각 계산하되 겹쳐지는 부분은 맞춤으로 접합되므로 수직, 수평재에서 중복 계산한다.

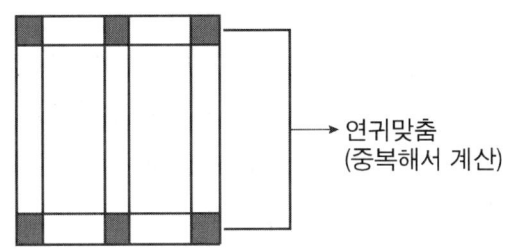

겹치는 부분은 맞춤(주로 연귀맞춤)접합되므로 중복 계산

---

### 기타 용어

① 제재 치수 : 제재소에서 톱켜기한 치수로 구조재, 수장재에 사용
② 마무리 치수 : 창호재, 가구재에 쓰이는 대패질 마무리한 치수
③ 입주상량 : 목재의 마름질, 바심질이 끝난 다음 기둥 세우기, 보, 도리 등의 짜맞추기를 하는 일(목공사의 40%가 완료된 상태)
④ 징두리 판벽 : 벽의 하부에서 1.2m 정도의 높이에 판재 등을 붙인 벽
⑤ 양판 : 넓고 길지 않은 한쪽으로 된 널판

## 기출 및 예상문제

**1.** 다음에 설명된 내용에 해당되는 용어를 쓰시오.(기사 12-7)

① 재의 길이 방향으로 부재를 길게 접합하는 것 또는 그 자리
② 재와 서로 직각 또는 경사지게 부재를 접합하는 것 또는 그 자리
③ 널재를 섬유방향과 평행으로 옆 대어 넓게 붙이는 것
④ 상층 기둥 위에 가로대어 지붕보 또는 양식 지붕틀의 평보를 받는 도리
⑤ 변두리 기둥에 얹히고 처마 서까래를 받는 도리

**2.** 다음은 목공사에 관한 설명이다. 맞는 용어를 쓰시오.(산업 93-7 14-10, 기사 00-4, 14-7, 15-7)

가) 구멍뚫기, 홈파기, 면접기 및 대패질 등으로 목재를 다듬는 일
나) 목재를 크기에 따라 각 부재의 소요길이로 자르는 일
다) 울거미 재나 판재를 틀짜기나 상자짜기를 할 때 끝부분을 각 45°로 깎고 이것을 맞대어 접합하는 것

**3.** 다음 보기에서 목재를 침엽수와 활엽수로 분류하시오.

〈보기〉 ① 소나무   ② 낙엽송   ③ 오동나무
④ 측백나무   ⑤ 느티나무   ⑥ 떡갈나무

가) 침엽수 :

나) 활엽수 :

**4.** 다음의 용어를 설명하시오.(산업 00-4, 11-10, 12-10, 14-7, 기사 92-9, 94-7, 96-7)

① 이음   ② 맞춤   ③ 쪽매

제4장 목공사

**5.** 목재의 이음 및 맞춤 시 시공상의 주의사항 4가지만 쓰시오.(산업 98-10, 94-7, 12-4, 16-4 기사 99-3, 01-7)

① _____
② _____
③ _____
④ _____

**6.** 다음 용어에 대해 간단히 설명하시오.(기사 94-10, 96-5, 99-3)

> 가) 징두리판벽(wainscoating)
> 나) 양판(panel board)
> 다) 코펜하겐 리브(copenhagen rib)

**7.** 다음 용어들에 대해서 간단히 쓰시오.(기사 98-10, 18-4)

> ① 짠마루
> ② 홑마루
> ③ 보마루

**8.** 다음은 목재의 연결철물에 관한 내용이다. 괄호 안에 들어갈 알맞은 용어를 쓰시오. (산업 12-4)

> 듀벨은 ( ① )와 함께 사용하며 듀벨은 ( ② )력에 ( ① )는 ( ③ )력에 견디어 상호작용하여 목재의 ( ④ )을/를 방지한다.

**9.** 다음은 목공사의 단면치수 표기법이다. ( )에 알맞은 용어를 쓰시오.(산업 98-7)

> 목재의 단면을 표시하는 치수는 구조재, 수장재, 나무는 ( ① )로 하고, 창호재, 가구재의 단면치수는 ( ② )로 한다.

**10.** 다음 용어에 대하여 간략히 기술하시오.(산업 95-5, 00-9)

① 듀벨　　　② 마무리 치수

**11.** 다음 설명에 알맞은 용어를 쓰시오.(산업 95-10, 97-11 기사 97-6)

① 계단의 한 단 높이 :
② 계단의 한 디딤판의 너비 :
③ 건물 내에서 계단이 점유하는 공간 :
④ 계단을 오르내릴 때 발걸음 쉼 또는 돌아 올라가는 조금 넓게 된 계단의 한 부분 :

**12.** 실내마감 목공사인 수장공사에 사용되는 부재를 선택할 때 유의해야 할 사항 4가지를 쓰시오.(산업 93-7, 00-9)

① _____
② _____
③ _____
④ _____

**13.** 목공사에서 구조용으로 쓰이는 목재의 조건을 3가지 쓰시오.(기사 01-4)

① _____
② _____
③ _____

**14.** 목구조에서 횡력에 대한 변형, 이동 등을 방지하기 위해 사용되는 부재 3가지를 쓰시오.
(산업 96-9, 11-10 기사 01-4, 12-10, 16-4, 16-11)

① _____
② _____
③ _____

**15.** 목재의 재질상 흠을 의미하는 목재 결함 3가지를 열거하시오.(산업 11-10, 기사 10-7, 13-7)

① _____
② _____
③ _____

**16.** 다음 목구조 건물의 뼈대세우기 순서를 바르게 연결하시오.(산업 11-4)

| ① 인방보　　② 큰보　　③ 기둥　　④ 층도리 |

**17.** 목재 보관방법 시 주의사항 4가지만 기술하시오.(산업 95-7)

① _____
② _____
③ _____

**18.** 다음 용어설명에 맞는 재료를 기입하시오.(기사 95-10, 97-9, 00-2, 15-4)

| 가) 3매 이상의 단판을 1매마다 섬유방향에 직교하도록 겹쳐 붙인 것
나) 목재의 부스러기를 합성수지와 접착제를 섞어 가열, 압축한 판재
다) 표면은 평평하고 유공질판이어서 단열판, 열절연재로 사용 |

**19.** 다음은 목구조 이음에 관한 설명이다. (　) 안에 적당한 용어를 넣으시오.(산업 11-7)

| 이음 중 가로재를 이을 때 지지목의 중심에서 잇는 것을 ( ① )이라 하고 중심에서 벗어난 위치에서 잇는 것을 ( ② )이라 한다. |

**20.** 공사현장에 쓰이는 공구에 대한 설명이다. 설명에 해당하는 공구의 이름을 쓰시오. (산업 01-4)

> 가) 압축공기를 빌려 망치 대신 사용하는 공구 :
> 나) 목재의 몰딩이나 홈을 팔 때 쓰는 연장 :

**21.** 다음 용어를 설명하시오. (기사 12-10)

> 마름질 :
> 바심질 :

**22.** 목재의 건조법 중 훈연법에 대해 설명하시오. (기사 11-11, 16-6, 18-11)

**23.** 목재의 방부처리 방법 3가지를 쓰시오. (산업 98-10, 00-11, 10-7, 10-9, 12-7, 15-4, 기사 97-4, 14-7)

① _____
② _____
③ _____

**24.** 다음 용어설명에 맞는 재료를 기입하시오. (산업 12-10, 기사 15-11)

> ① 3매 이상의 단판을 1매마다 섬유방향에 직교하도록 겹쳐 붙인 것
> ② 목재의 부스러기를 합성수지와 접착제를 섞어 가열, 압축한 판재
> ③ 섬유질을 주원료로 이를 섬유화, 펄프화하여 접착제를 섞어 판으로 만든 것

**25.** 현장에서 주문한 목재의 반입검수 시 중요한 확인사항을 2가지 쓰시오. (기사 95-9, 00-6, 15-4)

① _____

② _____

**26.** 다음 ( ) 안에 적당한 말을 써넣으시오.(산업 98-5)

① 목공사에서 둥근 못을 박는 데 필요한 못의 길이는 널재두께의 ( )배이다.
② 목재 1m³는 약 ( )재이다.
③ 목재의 수장재의 함수율은 약 ( )%이다.
④ 목재의 구조재의 함수율은 약 ( )%이다.

**27.** 다음 아래의 용어를 간략히 설명하시오.(산업 12-7)

① 코펜하겐 리브    ② 코너비드    ③ 조이너    ④ 듀벨

**28.** 목재 부재의 연결철물 종류를 4가지만 쓰시오.(기사 11-7, 17-4)

① _____
② _____
③ _____
④ _____

**29.** 목재의 제재목에 나타나는 무늬의 종류를 세 가지 적으시오.(기사 93-7)

① _____
② _____
③ _____

**30.** 목재의 결함 4가지를 기술하시오.(산업 99-5, 기사 93-10, 98-7)

① _____
② _____
③ _____
④ _____

**31.** 목재 건조법 중 인공건조법 3가지를 쓰시오.(산업 01-11, 15-4, 기사 96-5, 98-7, 11-5, 13-4, 17-11)

① _____
② _____
③ _____

**32.** 목재의 결점 중 하나인 부식의 원인이 되는 환경조건과 이에 대한 사용상 주의사항에 대해 기술하시오.(산업 97-9, 기사 95-7)

| ① 온도 | ② 습기 | 양분 | ④ 공기 |

**33.** 목재의 방염제 4가지를 쓰시오.(기사 00-4)

① _____
② _____
③ _____
④ _____

**34.** 목재의 부패를 방지하기 위해 사용하는 유성방부제의 종류를 3가지 쓰시오.
(산업 93-7, 96-9, 98-7, 99-3, 01-11, 14-7, 15-7)

① _____
② _____
③ _____

**35.** 다음 보기에서 목공사의 순서대로 번호를 쓰시오.(산업 92-9, 99-7)

〈보기〉 ① 마름질   ② 건조처리   ③ 바심질   ④ 먹매김

**36.** 다음에 대패질 순서를 3가지 쓰시오.(산업 92-9, 99-7, 07-10)

① _____
② _____
③ _____

**37.** 다음 그림은 나무 모접기이다. 보기에서 알맞은 것을 골라 연결하시오.(4점)

<보기> ① 큰모    ② 실모    ③ 쌍사모    ④ 뺨모접기
가)     나)     다)     라) 

**38.** 각 문제와 관련 있는 것을 보기에서 골라 쓰시오.(산업 99-7)

① 안장맞춤    ② 엇빗이음    ③ 걸침턱    ④ 빗이음

가) 반자틀, 반자살대 등에 쓰인다. :
나) 서까래, 지붕널 등에 쓰인다. :
다) 지붕보와 도리, 층보와 장선 등의 맞춤에 쓰인다. :
라) 평보와 ㅅ자보에 쓰인다. :

**39.** 다음 쪽매와 그 사용용도를 맞게 연결하시오.(산업 01-7)

① 빗쪽매    ② 오늬쪽매    ③ 틈막이대쪽매    ④ 제혀쪽매

가) 흙막이 널말뚝 :
나) 징두리판벽 :
다) 마루널 :
라) 반자틀 :

**40.** 목조건물의 뼈대 세우기 순서를 쓰시오.(산업 16-4, 기사 97-6)

**41.** 목재 반자틀을 짜는 순서를 나열하시오.(산업 99-11, 00-11, 01-11, 15-10, 기사 01-4)

〈보기〉 ① 달대  ② 반자돌림대  ③ 반자틀 설치
④ 달대받이 설치  ⑤ 반자틀받이 설치

**42.** 다음 목재의 먹매김 표시기호와 일치하는 것을 보기에서 골라 번호로 쓰시오.
(산업 00-4)

〈보기〉 ① 중심먹  ② 먹지우기
③ 볼트구멍  ④ 내다지장부구멍
⑤ 반내다지장부구멍  ⑥ 절단
⑦ 북방향으로 위치  ⑧ 잘못된 먹매김 위치표시

가)  나)  다)  라)  마)  바)

**43.** 다음의 용어를 설명하시오.(기사 95-10, 10-7, 16-6)

① 입주상량  ② 듀벨  ③ 바심질

**44.** 1층 납작마루의 시공순서를 4가지로 쓰시오.(기사 96-11, 14-11)

① _____  ② _____  ③ _____  ④ _____

**45.** 다음 쪽매의 이름을 써넣으시오.(산업 00-2, 기사 16-4, 18-6)

①  ②  ③  ④  ⑤

**46.** 다음은 목공사의 위치별 이음의 설명이다. 해당 명칭을 쓰시오.(기사 10-10, 11-5)

① 부재의 중심에서 이음
② 가로받침을 대고 이음
③ 중심에서 벗어난 위치 이음

**47.** 목재의 연귀맞춤 중 세부적인 종류를 4가지 쓰시오.(기사 10-10, 13-4)

① _____
② _____
③ _____
④ _____

**48.** 마루널의 쪽매 명칭을 4가지 쓰시오.(기사 11-11)

① _____
② _____
③ _____
④ _____

**49.** 다음 (    ) 안에 들어갈 말을 써넣으시오.(기사 10-7)

평보를 대공에 달아 맬 때 평보를 감아 대공에 긴결시키는 보강철물은 ( ① )이며, 가로재와 세로재가 교차하는 모서리 부분에 각이 변하지 않도록 보강하는 철물은 ( ② )이고, 큰보를 따내지 않고 작은보를 걸쳐 받게 하는 보강철물은 ( ③ )이다.

**50.** 다음 쪽매를 그림으로 그리시오.(산업 06-9, 기사 12-7)

① 반턱쪽매    ② 딴혀쪽매    ③ 제혀쪽매    ④ 맞댄쪽매

**51.** 다음의 내용은 목재의 결점 중 부패의 원인이 되는 환경조건에 대한 설명이다. 빈 칸에 들어갈 알맞은 용어를 쓰시오.(기사 12-7)

> 부패균이 번식하기 위해서는 ( ① ), ( ② ), ( ③ ), 양분이 있어야 한다. 이것이 없으면 균은 절대 번식하지 않는다.

**52.** 다음 마루널 이중깔기 순서이다. ( ) 안에 알맞은 공정을 쓰시오.(산업 95-5, 00-9, 10-7)

> 동바리 - ( ① ) - ( ② ) - ( ③ ) - 방수지 깔기 - ( ④ )

**53.** 다음 목구조 내용을 보고 빈칸을 채우시오.(산업 96-11, 기사 93-10)

> 목조 양식구조는 ( ① ) 위에 지붕틀을 얹고 지붕틀의 ( ② ) 위에 깔도리와 같은 방향으로 ( ③ )를 걸쳐 댄다.

**54.** 그림과 같은 목재 창의 목재량(才)수를 산출하시오.(산업 99-9)

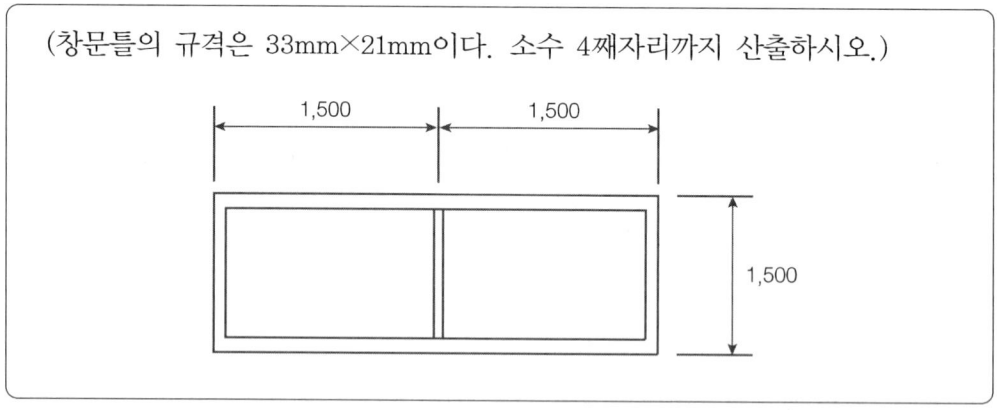

(창문틀의 규격은 33mm×21mm이다. 소수 4째자리까지 산출하시오.)

**55.** 다음 그림과 같은 문틀을 제작하는 데 필요한 목재량을 산출하시오.
(산업 93-7, 99-3, 01-7)

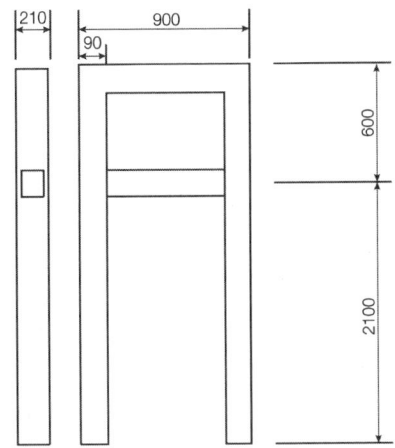

**56.** 다음 그림과 같은 목재 창문틀에 소요되는 목재량($m^3$)을 산출하시오.(소수점 셋째자리에서 반올림하고 각재의 단면은 9cm×9cm이다.)(산업 07-7)

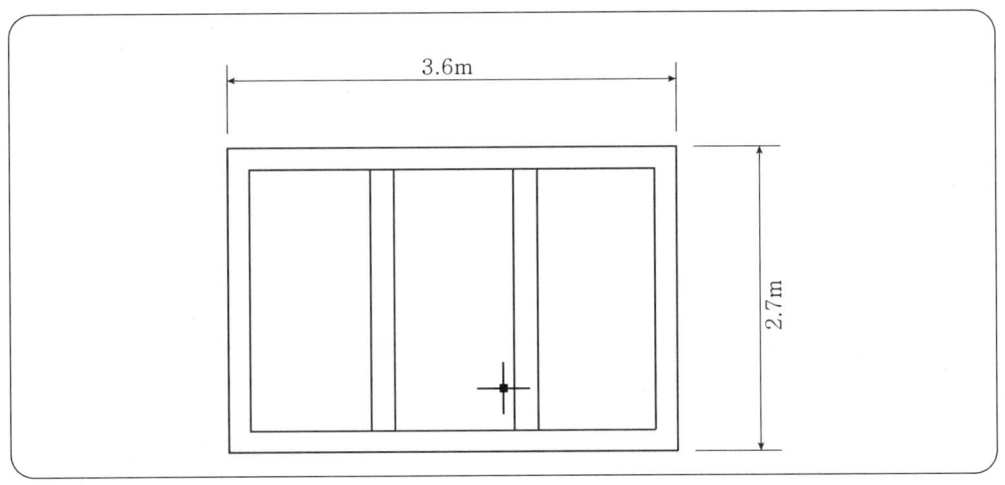

**57.** 말구지름 9cm, 길이 10m짜리 통나무 10개의 목재량($m^3$)을 구하시오.

**58.** 원구지름 10cm, 말구지름 9cm, 길이 5.4m인 통나무의 재(才)수를 구하시오.
(기사 00-2)

**59.** 다음 재료의 규격을 토대로 목재량을 산출하시오.(산업 12-7, 15-10)

> 30cm×12cm×2.6m×200개

**60.** 목조계단 설치시공 순서를 보기에서 골라 번호로 쓰시오.(기사 97-4, 00-2)

> 〈보기〉 ① 난간두겁          ② 계단옆판, 난간 어미기둥
>        ③ 난간동자          ④ 디딤판, 챌판
>        ⑤ 1층 멍에, 계단참, 2층받이 보

**61.** 다음 용어를 설명하시오.(기사 13-11)

> ① 가새     ② 버팀대     ③ 귀잡이

**62.** 다음은 목구조에 대한 설명이다. 괄호 안에 들어갈 용어를 쓰시오.(기사 13-11)

> - 상층 기둥 위에 가로대어 지붕보 또는 양식 지붕틀의 평보를 받는 도리를 ( ① )라 한다.
> - 바닥에서 1m 정도 높이의 하부 벽을 ( ② )이라 한다.
> - 모서리 기둥에 얹히고 처마 서까래를 받는 도리를 ( ③ )라 한다.

**63.** 다음 설명에 맞는 용어를 쓰시오.(산업 14-7)

> 목재의 부스러기를 합성수지와 접착제를 섞어 가열, 압축한 판재

## 제4장 목공사

**64.** 다음은 목재의 단면치수 표기법에 대한 설명이다. 괄호 안에 알맞은 용어를 써넣으시오.(산업 14-10)

> 도면에 주어진 창문의 치수는 ( ① ) 치수이므로 제재소에서 주문 시에는 3mm 정도 더 크게 ( ② ) 치수로 해야 한다.

**65.** 다음은 목조 2층 마루 중 짠마루의 시공순서이다. 순서대로 바르게 나열하시오. (산업 14-10)

> 〈보기〉 ㉠ 작은보   ㉡ 큰보   ㉢ 장선   ㉣ 마루널

**66.** 다음 설명에 맞는 용어를 쓰시오.(기사 14-11)

> ① 나무나 석재의 면을 깎아 밀어서 두드러지게 또는 오목하게 하여 모양지게 하는 것
> ② 모서리 구석 등에 표면 마구리가 보이지 않도록 45° 각도로 빗잘라대는 맞춤
> ③ 재를 섬유방향과 평행으로 옆대어 넓게 붙이는 것

**67.** 목공사에 쓰이는 연귀맞춤에 대해 간략히 설명하시오.(산업 16-4)

**68.** 다음 그림은 맞춤의 한 종류를 나타낸 것이다. 명칭을 적으시오.(산업 15-4)

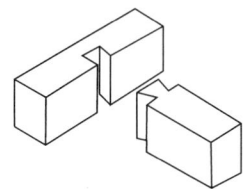

**69.** 150mm × 270mm × 4800mm 각재 1,000개의 체적($m^3$)을 구하시오. (기사 18-6)

**70.** 아래 도면을 보고 각각의 목재량을 산출하시오. (건축 91-4, 기사 17-11)

    (1) 동바리 : 90cm × 90cm

    (2) 멍에 : 90cm × 90cm

    (3) 장선 : 45cm × 45cm

    (4) 마루널 : THK 24mm

       ※ 지면으로부터 마루판 높이 : 60cm

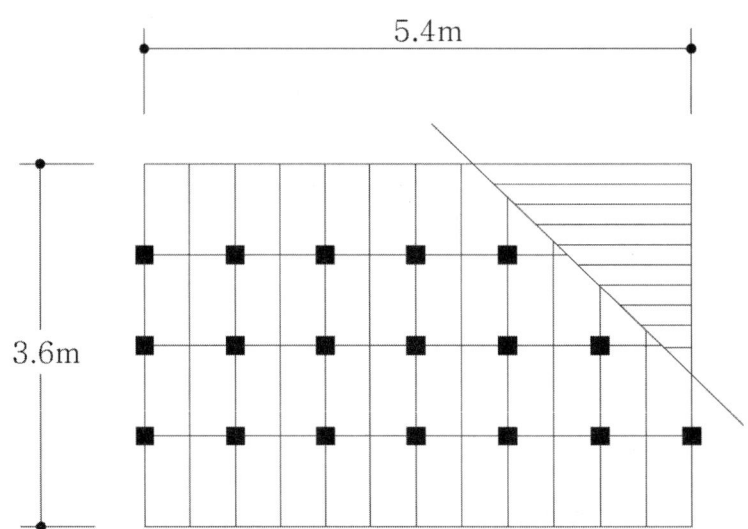

## 해답

1. ① 이음  ② 맞춤  ③ 쪽매  ④ 깔도리  ⑤ 처마도리

2. 가) 바심질  나) 마름질  다) 연귀맞춤

3. 가) ①, ②, ④    나) ③, ⑤, ⑥

4. ① 부재의 길이 방향으로 길게 접합하는 것 또는 그 자리
   ② 목재의 두 부재를 서로 경사 또는 직각방향으로 접합하는 것 또는 그 자리
   ③ 부재를 섬유방향과 평행으로 옆으로 대어 붙이는 것

5. ① 큰 힘을 받지 않는 곳에서 이음, 맞춤을 한다.
   ② 응력방향에 직각이 되도록 이음, 맞춤을 한다.
   ③ 최대한 적게 깎아서 약해지지 않도록 한다.
   ④ 모양이나 형태에 치중하지 않고 간단하게 공작한다.

6. 가) 벽의 하부에서 1.2m 정도의 높이에 판재 등을 붙인 벽
   나) 넓고 길지 않은 한쪽으로 된 널판
   다) 극장, 강당 등 면적이 넓은 공간에 음향조절, 장식을 목적으로 벽면에 설치하는 리브형태의 마감재

7. ① 큰보 위에 작은보, 그 위에 장선을 걸고 마루널을 깐 마루. 간사이가 6.4m를 초과할 때 쓰인다.
   ② 층도리 위에 바로 장선을 걸고 마루널을 깐 마루. 간 사이 2.4m 미만의 작은 마루에 쓰인다.
   ③ 보 위에 장선을 걸고 마루널을 깐 마루. 간 사이 2.4~6.4m 사이에 쓰인다.

8. ① 볼트  ② 전단  ③ 인장  ④ 파손

9. ① 제재치수  ② 마무리치수

10. ① 목재 접합 시 두 개의 부재 사이에 볼트와 같이 사용하여 전단에 견디도록 하는 일종의 산지
    ② 창호재, 가구재에 쓰이는 대패질 마무리한 치수

11. ① 단높이  ② 단너비  ③ 계단실  ④ 계단참

12. ① 외관이 아름다울 것       ② 건조가 충분히 될 것
    ③ 변형(수축, 비틀림)이 없을 것  ④ 재질감이 우수하고 흠이 없을 것

13. ① 강도가 크고 곧고 긴 목재일 것
    ② 수축과 팽창의 변형이 적은 부재일 것
    ③ 충해에 대한 저항성이 큰 목재일 것

14. 가새, 버팀대, 귀잡이

**15.** 껍질박이, 옹이, 썩음, 갈라짐(택 3)

**16.** ③ → ① → ④ → ②

**17.** ① 땅바닥에 목재가 닿지 않도록 보관할 것
② 종류, 규격, 용도별로 구분하여 보관할 것
③ 습기가 차지 않도록 자주 환기시킬 것
④ 흙, 먼지, 시멘트 가루가 묻지 않도록 보관할 것

**18.** 가) 합판   나) 파티클 보드   다) 코르크판

**19.** ① 심이음   ② 내이음

**20.** 가) 타커   나) 루터(홈대패)

**21.** 마름질 : 톱 등을 사용하여 목재를 필요한 크기로 자르는 것
바심질 : 목재를 다듬는 일. 구멍뚫기, 홈파기, 면접기 및 대패질 등이 있다.

**22.** 훈연법 : 목재의 수액제거 및 건조를 위한 방법으로 연소가마를 건조한 실내에 장치하고 나무 부스러기, 톱밥 등을 태워 그 연기와 열을 이용하는 방법

**23.** 도포법, 표면탄화법, 침지법, 상압주입법, 가압주입법(택 3)

**24.** ① 합판   ② 파티클 보드   ③ 섬유판

**25.** ① 목재에 옹이, 갈라짐 등의 흠이 있는지 확인한다.
② 치수와 길이가 맞는지 확인한다.

**26.** ① 2.5~3   ② 300   ③ 15   ④ 20

**27.** ① 두꺼운 목판 표면에 자유곡면을 파내서 수직 평행선이 되게 리브를 만든 목재 가공품으로 음향조절 효과가 있다.
② 기둥, 벽 등의 모서리에 대어 미장바름을 보호하기 위한 그물망 형태의 철물
③ 천장, 벽 등에 보드, 합판 등을 붙이고 그 이음새를 감추어 누르는 데 쓰이는 철물
④ 목재에서 두 재의 접합부에 끼워 볼트와 같이 써서 전단에 견디도록 하는 일종의 산지

**28.** 못, 띠쇠, 볼트, 꺾쇠

**29.** 곧은결, 널결, 엇결

**30.** 옹이, 껍질박이, 갈라짐, 썩음, 송진구멍(택 4)

**31.** 훈연법, 열기법, 증기법

**32.** ① 부패균은 5~45℃의 범위에서 발육하며 20~30℃가 가장 발육이 왕성하므로 인공건조법을 이용하여 건조시킨다.

② 습도가 85% 전후로 목재 함수율이 20~50°/wt일 때 균이 발생하므로 충분히 건조된 것을 사용한다.
③ 부패균도 공기가 필요하므로 공기를 차단하면 부식하지 않는다.
④ 목질부와 수피의 접촉부가 가장 양분이 많아 먼저 부패하므로 방부처리한다.

**33.** 규산나트륨, 황산암모늄, 탄산나트륨, 인산암모늄

**34.** 크레소오트, 콜타르, 유성페인트

**35.** ② → ④ → ① → ③

**36.** ① 막대패질  ② 중대패질  ③ 마무리 대패질

**37.** 가)-③, 나)-①, 다)-②, 라)-④

**38.** 가)-②, 나)-④, 다)-③, 라)-①

**39.** 가)-②, 나)-③, 다)-④, 라)-①

**40.** 기둥 → 인방보 → 층도리 → 큰보

**41.** ④ → ② → ⑤ → ③ → ①

**42.** 가)-①, 나)-③, 다)-②, 라)-⑤, 마)-④, 바)-⑥

**43.** ① 입주상량 : 목재의 마름질, 바심질이 끝난 다음 기둥 세우기, 보, 도리 등의 짜맞추기를 하는 일(목공사의 40%가 완료된 상태)
② 목재에서 두 개의 부재를 접합부에 끼워 볼트와 같이 사용하여 전단에 견디도록 한 일종의 산지
③ 구멍뚫기, 홈파기, 면접기 및 대패질 등으로 목재를 다듬는 일

**44.** 동바리돌 → 멍에 → 장선 → 마루널

**45.** ① 반턱쪽매  ② 틈막이대 쪽매  ③ 딴혀쪽매  ④ 제혀쪽매  ⑤ 오늬쪽매

**46.** ① 심이음  ② 베개이음  ③ 내이음

**47.** 반연귀맞춤, 안촉연귀맞춤, 밖촉연귀맞춤, 사개연귀맞춤

**48.** 제혀쪽매, 반턱쪽매, 빗쪽매, 딴혀쪽매, 오늬쪽매, 틈막이대쪽매(택 4)

**49.** ① 감잡이쇠  ② 주걱볼트  ③ 안장쇠

**50** ①        ②        ③        ④

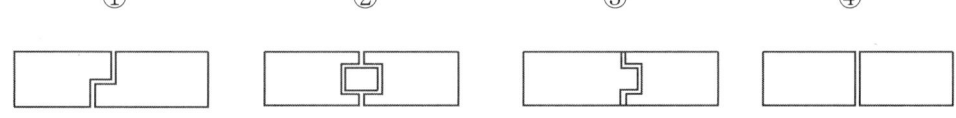

**51.** ① 온도  ② 습기  ③ 공기

**52.** ① 멍에  ② 장선  ③ 밑창널 깔기  ④ 마루널 깔기

**53.** ① 깔도리  ② 평보  ③ 처마도리

**54.** mm를 치, 자로 바꾸어 계산한다.

$$수직재 = \frac{1.1(치) \times 0.7(치) \times 5(자)}{1치 \times 1치 \times 12자} \times 3 = 0.9625(才)$$

$$수평재 = \frac{1.1(치) \times 0.7(치) \times 5(자)}{1치 \times 1치 \times 12자} \times 2 = 1.2833(才)$$

수직재+수평재 = **2.2458(才)**

**55.** 수직재 = (0.21×0.09×2.7)×2 = 0.10206m³
수평재 = (0.21×0.09×0.9)×2 = 0.03402m³
수직재+수평재 = **0.14m³**

**56.** 수직재 = 0.09×0.09×2.7×4 = 0.08748 m³
수평재 = 0.09×0.09×3.6×2 = 0.05832 m³
수직재+수평재 = 0.1458m³ = **0.15m³**

**57.** 길이가 6m 이상이므로 가상의 말구지름($D'$)을 먼저 구한다.

$$D' = 9 + \frac{10-4}{2} = 12\text{cm}$$

∴ 목재량 = $D' \times D' \times$ 길이 × 개수 = 0.12×0.12×10×10 = **1.44m³**

**58.** 목재량($才$) = $\frac{9\text{cm} \times 9\text{cm} \times 540\text{cm}}{3\text{cm} \times 3\text{cm} \times 360\text{cm}} = 13.5 才$

**59.** 0.3m×0.12m×2.6m×200개 = **18.72m³**

**60.** ⑤ → ② → ④ → ③ → ①

**61.** ① 가새 : 목조벽체에 사선방향으로 설치하여 횡력에 견디게 하는 부재
② 버팀대 : 목조 기둥과 도리의 직각 연결부위에 경사지게 빗대어 설치한 횡력보강 부재
③ 귀잡이 : 토대, 보, 도리 등의 가로재 모서리에 설치하는 횡력보강 부재

**62.** ① 깔도리  ② 징두리판벽  ③ 처마도리

**63.** 파티클보드

**64.** ① 마무리  ② 제재

**65.** ㄴ → ㄱ → ㄷ → ㄹ

**66.** ① 모접기   ② 연귀맞춤   ③ 쪽매

**67.** 가구, 창문틀 등을 짤 때 모서리에서 직교되거나 교차되는 부재의 마구리가 보이지 않게 45°로 빗잘라 대는 맞춤

**68.** 주먹장 맞춤

**69.** 0.15m × 0.27 × 4.8m × 1,000(개) = 194.4㎥

**70.** (1) 동바리 : 0.9m × 0.9m × 0.6m × 21개 = 10.21㎥

　　(2) 멍에 : 0.9m × 0.9m × 5.4m × 5개 = 21.87㎥

　　(3) 장선 : 0.45m × 0.45m × 3.6m × 13개 = 9.48㎥

　　(4) 마루널 : 5.4m × 3.6m × 0.024m = 0.47㎥
　　(각 부재가 몇 개씩 들어가는지 잘 파악해야 한다.)

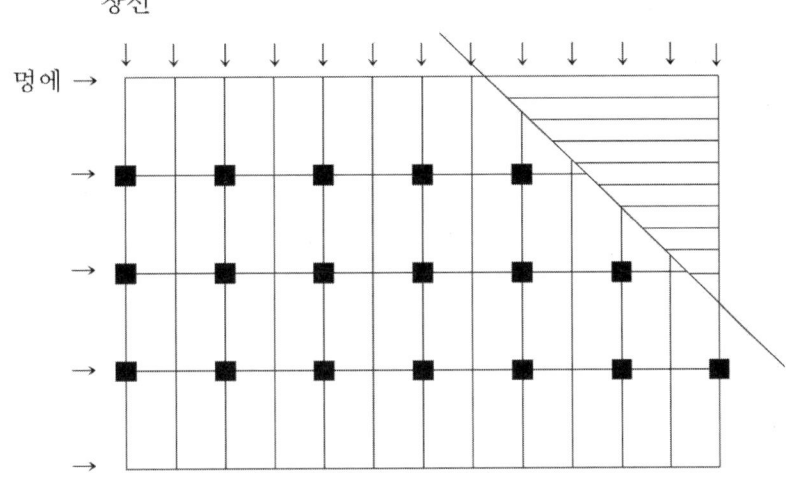

# 제5장 방수공사

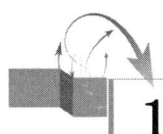

## 1. 분류

### 1) 재료상의 분류

① 아스팔트 방수
② 시멘트 액체 방수
③ 합성고분자 방수
　㉠ 도막 방수
　㉡ 시트 방수
　㉢ 실(seal)재 방수
　㉣ 혼화제 모르타르 방수

### 2) 공법상 분류

① 멤브레인 방수
　㉠ 아스팔트 방수 : 열공법, 상온공법, 토치공법
　㉡ 합성고분자 시트방수
　　• 재료 : 합성고무계, 합성수지계, 고무화 아스팔트계
　　• 공법 : 노출공법, 보호누름공법, 단열공법
　㉢ 도막방수
　　• 재료 : 용제형, 유제형, 에폭시형
　　• 공법 : 라이닝공법, 코팅공법
② 합성고분자 방수
　㉠ 도막방수(멤브레인과 공통적용)
　㉡ 합성고분자 시트 방수(멤브레인과 공통적용)
　㉢ 실(seal)재 방수

### 3) 외벽 방수공법

① 시멘트 액체 방수
② 수밀재 붙임법
③ 침투성 방수법

## 2. 아스팔트 방수

### 1) 재료

| 분류 | | 특성 | 용도 |
|---|---|---|---|
| 천연 아스팔트 | 레이크 아스팔트 | 지표면 낮은 곳에 괴어 반액체, 고체로 굳은 형태 | 도로포장, 내산공사 |
| | 로크 아스팔트 | 역청분이 사암, 석회암, 모래 등의 암석에 침투한 것 | |
| | 아스팔타이트 | 많은 역청분을 함유한 검고 견고한 것 | 방수, 포장, 절연재료 |
| 석유 아스팔트 | 스트레이트 아스팔트 | 반액체 상태. 아스팔트 및 루핑의 바탕재에 침투 | 아스팔트 펠트, 루핑 바탕재, 지하실 방수 |
| | 블론 아스팔트 | 고체상태. 내열성과 내후성이 크다. | 지붕방수, 아스팔트 콘크리트 |
| | 아스팔트 콤파운드 | 블론 아스팔트에 광물질 미분 등을 혼입하여 품질 개량 | 방수재료, 아스팔트 방수공사 |
| | 아스팔트 프라이머 | 아스팔트를 휘발성 용제로 녹인 것. 방수 시공 시 밑바탕에 도포하여 모재와 방수층의 부착을 좋게 한다. | |
| 기타 아스팔트 | 컷백 아스팔트, 아스팔트 모르타르, 내산 아스팔트 모르타르 | | |

### 2) 품질검사 항목

① 침입도 : 아스팔트 경도를 나타내는 것으로 25℃에서 100g추로 5초 동안 바늘을 누를 때 0.1mm 들어가는 것을 침입도 1이라 한다.
② 감온비 : 아스팔트의 온도변화에 따른 침입도의 변화정도를 나타내는 수치
③ 연화점 : 아스팔트를 가열하여 액상의 점도에 도달했을 때의 온도
④ 인화점 : 아스팔트를 가열하여 불꽃을 대면 불이 붙을 때의 온도
⑤ 신도 : 아스팔트가 늘어나는 정도

## 3) 제품

① 아스팔트 펠트
- 무명, 삼, 펠트 등의 유기성 섬유로 직포를 만들고 스트레이트 아스팔트를 침투시킨 후 압착하여 제조한 두루마리 제품
- 방수 및 방습성이 좋고 가볍고 넓은 면적을 쉽게 덮을 수 있어 기와지붕 밑에 깔거나 방수공사 시 루핑과 병용한다.

② 아스팔트 루핑
- 아스팔트 펠트의 양면에 아스팔트 콤파운드를 피복한 후 그 위에 활석, 운모 등의 미분말을 부착시킨 것
- 내산, 내염성이 있다.

③ 아스팔트 싱글
- 품질 개량된 아스팔트 사이에 강인한 글라스 매트나 다공성 원지를 심재로 하고, 표면에 돌입자로 코팅한 것으로 주로 지붕재로 사용한다.
- 다양한 색상의 소재 사용으로 미려한 외관을 창출하고 방수성과 내수성, 내변색성이 우수한 재료이다.

④ 아스팔트 에멀젼
- 스트레이트 아스팔트를 가열하여 액상으로 만들고 유화제를 혼입한 것
- 주로 도로포장에서 사용된다.

## 4) 방수층 시공순서

① 일반순서(방수층을 세분화하지 않을 경우)
    ㉠ 바탕모르타르 바름 시공
    ㉡ 아스팔트 방수층 시공
    ㉢ 보호누름 시공
    ㉣ 보호모르타르 시공
    ㉤ 신축줄눈

② 8층(3겹) 방수 시
    ㉠ 1겹
- 1층 : 아스팔트 프라이머
- 2층 : 아스팔트
- 3층 : 아스팔트 펠트
- 4층 : 아스팔트

    ㉡ 2겹
- 5층 : 아스팔트 루핑

•6층 : 아스팔트
  ㉢ 3겹
    •7층 : 아스팔트 루핑
    •8층 : 아스팔트

### 5) 시공 시 유의사항

① 시공바탕의 결함부분은 보수하고 청소한 뒤 모르타르 배합 1 : 3으로 15cm 정도 바르고 완전 건조시킨다. 이때 함수율은 8% 이하여야 한다.
② 배수구 주위를 1/100 정도 물흘림 경사를 주고 구석, 모서리 치켜올림 부분은 부착이 잘 되도록 둥글게 3~10cm 면접어 둔다.(일반적인 물매 1/200 정도)
③ 펠트의 겹침은 엇갈리게 하고 가로와 세로 90cm 이상, 귀와 모서리는 30cm 이상 망상 루핑으로 덧붙임한다.
④ 신축줄눈은 3~5m마다(모르타르 얕은 줄눈일 때는 1m마다) 너비 1.5cm 깊이로 방수층까지 자르고 마무리 3cm 밑까지 모래충전, 그 위 줄눈은 아스팔트 콤파운드나 블론 아스팔트로 충전한다.
⑤ 기온이 0℃ 이하가 되면 작업을 중지한다.

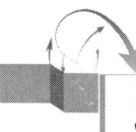

## 3. 시멘트 액체 방수

### 1) 방수층 시공 순서

① 1공정
  •1층 : 방수액 침투
  •2층 : 시멘트 페이스트
  •3층 : 방수액 침투
  •4층 : 시멘트 모르타르
② 2공정
  •5층 : 방수액 침투
  •6층 : 시멘트 페이스트
  •7층 : 방수액 침투
  •8층 : 시멘트 모르타르

 같은 공정을 2~3회 반복한 후 표면을 보호방수 모르타르로 마무리한다.

## 2) 시공 시 유의사항

① 바탕처리는 수밀하고 견고하게, 평탄하게 한다.(물매 : 1/200 정도)
② 배수구로 물매 1/100 정도, 깊이 6mm, 너비 9mm, 간격 1m 내외의 줄눈을 설치한다.
③ 원액을 5~10배 희석한 것을 모체에 1~3회 침투시킨다.
④ 방수 모르타르 배합비 1 : 2~1 : 3 정도, 매회 바름두께 6~9mm, 전체두께 1.2~2.5cm 정도로 한다.
⑤ 방수 모르타르는 강도에 관계없이 방수능력이 큰 것으로 하고, 바름 바탕은 거칠게 한다.

 아스팔트 방수와 시멘트 방수 비교

| 비교 | 아스팔트 방수 | 시멘트 방수 |
|---|---|---|
| 바탕처리 | 필수 | 불필요 |
| 외기 영향 | 작다. | 크다. |
| 신축성 | 크다. | 거의 없다. |
| 균열발생 | 거의 안 생기며 잔균열 정도 | 잘 생긴다. 굵은 균열 |
| 방수층 무게 | 자체는 작으나 보호누름이 크다. | 비교적 작다. |
| 시공 난이도 | 복잡하고 오래 걸린다. | 용이하고 공기가 짧다. |
| 보호누름 | 필수 | 불필요 |
| 경제성 | 고가 | 다소 저렴 |
| 결함 발견 | 어렵다. | 쉽다. |
| 보수성 | 전면적이며 비용이 크다. | 부분적이며 비용이 적다. |
| 방수성능 | 신뢰할 수 있다. | 시공은 간단하나 신뢰성이 낮다. |

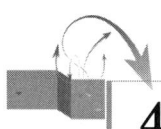
# 4. 도막방수

도료상의 방수제를 여러 번 칠하여 상당한 두께의 방수막을 형성하는 공법

## 1) 특징

① 내후성과 내약품성이 우수하다.
② 시공이 간단하고 보수가 용이하다.
③ 노출공법이 가능하고 경량이다.

④ 균일한 두께를 얻는 것은 어렵다.
⑤ 핀홀이 생기거나 바탕균열에 의한 파단의 우려가 있다.
⑥ 방수의 신뢰성은 낮은 편이다.
⑦ 단열을 요하는 옥상층에는 불리하다.

### 2) 재료의 분류

| 유제(emulsion)형 | • 수지, 유지를 수차례 발라서 0.5~1mm의 피막 형성<br>• 바탕은 1/50의 물흘림 경사를 준다.<br>• 다소 습기가 있어도 시공이 가능하다.<br>• 보호층을 두며 우천 시, 동절기(2℃ 이하)는 시공을 피한다. |
|---|---|
| 용제(solvent)형 | • 합성고무를 솔벤트에 녹여 0.5~0.8mm의 방수피막을 형성<br>• 시트와 같은 피막형성을 한다.<br>• 고가품이며 최상층 마무리에 사용한다.<br>• 시공이 간단하고 착생이 용이하다. 충격에 다소 약하므로 보호층이 필요하다. |
| 에폭시계 도막방수 | • 에폭시 수지를 여러 번 발라 0.1~0.2mm의 얇은 도막을 형성한다.<br>• 내약품성, 내마모성이 우수하여 화학공장 바닥 방수에 적당하다. |

### 3) 시공법

① 코팅공법 : 도막방수제를 단순히 도포만 하는 방법
② 라이닝공법 : 유리섬유, 합성섬유 등의 망상포를 적층하여 도포하는 방법

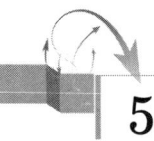

## 5. 시트방수

### 1) 분류

① 재료별 분류
　㉠ 합성고무계 : 가황고무계, 비가황고무계
　㉡ 합성수지계 : 염화비닐고무계, 에틸렌비닐고무계
　㉢ 고무화 아스팔트계

② 공법별 분류
　㉠ 노출공법
　㉡ 보호누름공법
　㉢ 단열공법

## 2) 시공순서

① 일반적 시공순서

바탕처리 → 프라이머 칠 → 접착제 칠 → 시트붙이기 → 보호층 설치 및 마무리

② 단열공법 시공순서

바탕처리 → 단열재 깔기 → 접착제 도포 → 시트붙이기 → 보강붙이기 → 조인트 실(seal) → 물채우기 시험

## 3) 접착법

① 종류

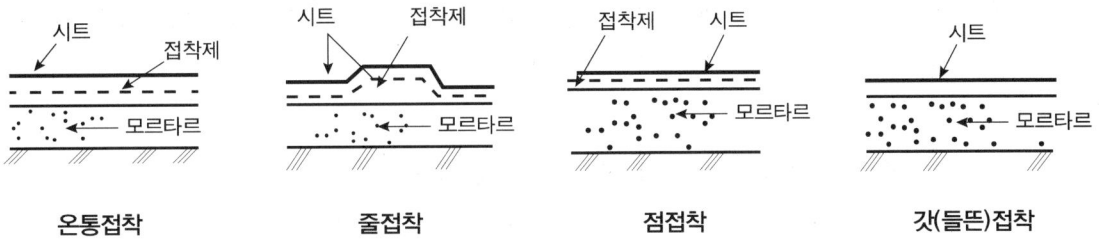

온통접착  줄접착  점접착  갓(들뜬)접착

② 시트 상호접착 이음 : 겹침 이음은 5cm 이상, 맞댄 이음은 10cm 이상

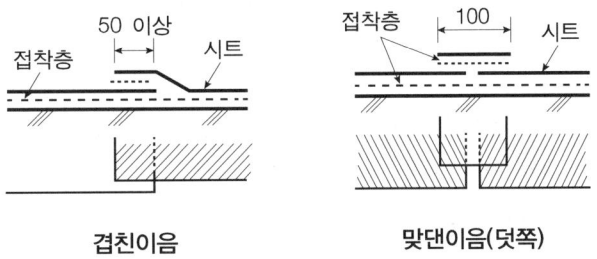

겹친이음  맞댄이음(덧쪽)

③ 특징 및 유의사항

㉠ 방수능력이 우수하고 시공이 간단하며 공기단축이 가능하다.

㉡ 제품이 규격화되어 균일한 두께로 시공이 가능하며 마감면이 미려하다.

㉢ 시트 이음부의 결함이 우려되고 누수 발생 시 국부적인 보수가 곤란하다.

㉣ 방수층 치켜올림부는 3~5cm 둥글게 면접어 붙이고 접합부 및 붙임마감부는 테이프로 보강 후 실(seal)재로 충전 수밀하게 한다.

㉤ 방수누름층의 신축줄눈 간격은 4m 안팎으로 하며 패러핏 및 옥탑 등 모서리와 치켜올림면에서 0.6~1.0m 높이의 위치에 설치한다.

㉥ 현장에서 깊이 5cm로 24시간 동안 침수시키는 누수시험을 행한다.

## 6. 실(seal)재 방수

국부 방수재로서 각종 재료의 접합부, 창호 주위, 균열 보수 등에 사용

### 1) 종류

① 성형 실(seal)재
  ㉠ 퍼티 : 탄성 복원력이 적다. 새시 접합부에 사용한다.
  ㉡ 개스킷(gasket) : 네오프렌과 연질염화비닐이 많이 쓰이며 H, Y, U형이 있다.
② 코킹재 : 유성코킹재, 아스팔트 코킹재
③ 실런트
  ㉠ 실리콘계 : 1성분형(사전에 시공할 수 있도록 조성된 것)
  ㉡ 폴리설파이드계 : 2성분형(기제에 경화제를 조합하여 사용)
④ 실재의 3대 요소 : 접착성, 내구성, 비오염성

### 2) 성능 및 검사

① 열화 원인
  ㉠ 실링재 자체가 파단하는 응집 파괴
  ㉡ 부재의 피착면에서 벗겨지는 접착 파괴
  ㉢ 도장의 변질, 접착부, 줄눈 부위의 오염
  ㉣ 워킹 조인트, 논워킹 조인트
② 검사항목
  ㉠ 움직임의 종류 및 크기에 관한 검사
  ㉡ 피접합재와의 접착성에 관한 검사
  ㉢ 작업성에 관한 검사
  ㉣ 내구성, 내오염성에 관한 검사

## 7. 벤토나이트 방수

### 1) 구조

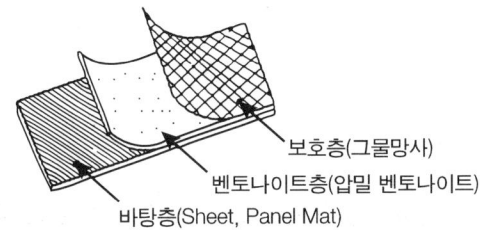

① 바탕층 : 시트, 패널, 매트
② 벤토나이트층 : 압밀 벤토나이트
③ 보호층 : 그물망사

### 2) 특징

① 벤토나이트가 다량의 물을 흡수하면 팽창하고 건조하면 극도로 수축하는 성질을 이용한 공법으로 시공이 간편하고 신속하다.
② 자동보수 기능이 있고 까다로운 구조물에는 뿜칠 시공도 가능하다.
③ 방수에 대한 신뢰도가 높다.
④ 외방수 공법에 적당하며 지중에 시공될 경우 보호층이 필요하다.
⑤ 시공 후 보수가 어렵고 작업공정이 끝날 때마다 비닐필름이나 긴결재로 보호해야 하며 적절한 보호층의 시공이 필요하다.

### 안 방수와 바깥 방수의 비교

| 구분 | 안 방수 | 바깥 방수 |
| --- | --- | --- |
| 사용환경 | 수압이 작고 얕은 지하실 | 수압이 크고 깊은 지하실 |
| 공사시기 | 자유롭다. | 본공사에 선행한다. |
| 내수압성 | 작다. | 크다. |
| 보호누름 | 필요하다. | 없어도 무방하다. |
| 경제성 | 저렴하다. | 고가이다. |

## 기출 및 예상문제

**1.** 천연 아스팔트의 종류 3가지를 쓰시오. (산업 10-9)

①  _____
②  _____
③  _____

**2.** 다음 설명에 해당하는 방수공법을 보기에서 골라 쓰시오. (건축 96-4, 97-11 기사 17-6)

〈보기〉 ① 아스팔트 방수  ② 시멘트 액체방수  ③ 시트 방수  ④ 도막방수

가) 시공 시 인건비가 많이 들며 방수효과는 보통이고 보호누름이 필요하다.

나) 시공이 간단하며 비교적 저렴하게 시공할 수 있고 결함부의 발견이 용이하다.

다) 바탕면에 여러 번 발라 도막을 형성한다.

라) 신축과 내후성이 우수하고 보호누름이 필요하며, 결함부의 발견이 매우 어렵다.

**3.** 시트방수의 장점과 단점을 2가지씩 기술하시오. (산업 10-9)

장점 ①
     ②
단점 ①
     ②

**4.** 안방수와 바깥방수의 장·단점을 설명하시오. (건축 98-10, 03-8, 06-4)

① 안방수
② 바깥방수

**5.** 다음 시트 방수 공법의 항목을 순서에 맞게 나열하시오. (기사 14-7, 17-4)

① 접착제칠  ② 프라이머칠  ③ 마무리  ④ 시트붙이기  ⑤ 바탕처리

제5장 방수공사

**6.** 콘크리트 방수공사에 투수계수가 커져 방수성이 저하되는 경우에 해당하는 것을 모두 골라 번호를 쓰시오.(기사 12-4)

① 물시멘트비가 클수록
② 단위시멘트량이 많을수록
③ 굵은 골재의 최대치수가 클수록
④ 시멘트 경화제의 수화도가 클수록

**7.** 시트 방수공사의 접착법을 4가지 쓰시오.(기사 15-4)

① _____
② _____
③ _____
④ _____

**8.** 재료에 따른 방수방법 4가지를 나열하시오.(산업 95-5, 14-10)

① _____
② _____
③ _____
④ _____

**9.** 멤브레인 방수 공법 3가지를 쓰시오.(기사 14-4, 14-7, 18-11)

① _____
② _____
③ _____

**10.** 도막방수의 재료를 3가지로 분류하시오.(산업 15-10)

① _____
② _____
③ _____

**11.** 아스팔트 프라이머(asphalt primer)에 대해 설명하시오. (기사 18-6)


**12.** 단열공법 중 주입단열공법과 붙임단열공법에 대해 설명하시오. (기사 18-4)

　　(1) 주입단열공법


　　(2) 붙임단열공법

제5장 방수공사

## 해답

1. 레이크 아스팔트, 로크 아스팔트, 아스팔타이트

2. (가) ③  (나) ②  (다) ④  (라) ①

3. 장점 ① 제품이 규격화되어 두께가 균일한 면을 얻을 수 있다.
        ② 시공이 신속하여 공기가 단축된다.

   단점 ① 누수 발생 시 국부적인 보수가 어렵다.
        ② 시트 상호간 이음부위의 결함이 우려된다.

4. ① 안방수
   장점 : 시공이 간단하고 자유로우며 공사비가 저렴하다.
   단점 : 수압이 작은 곳이나 얕은 지하실에서만 적용된다. 보호누름을 필요로 한다.

   ② 바깥방수
   장점 : 수압이 크고 깊은 지하실에 적용할 수 있다. 보호누름이 없어도 된다.
   단점 : 비용이 큰 편이며 공사가 복잡하다. 본공사에 선행되어야 한다.

5. ⑤ → ② → ① → ④ → ③

6. ①, ③

7. ① 온통접착  ② 줄접착  ③ 점접착  ④ 들뜬접착(갓접착)

8. 아스팔트 방수, 시트방수, 시멘트 액체방수, 도막방수

9. 아스팔트 방수, 도막방수, 시트방수

10. ① 용제형  ② 유제형  ③ 에폭시형

11. 아스팔트를 휘발성 용제로 녹인 것. 방수 시공 시 밑바탕에 도포하여 모재와 방수층의 부착을 좋게 한다.

12. (1) 주입단열공법 : 단열할 곳에 공간을 만들고 주입구와 공기구멍을 뚫어 발포성 단열재를 주입, 충전하는 공법

    (2) 붙임단열공법 : 규격에 맞춰 성형한 단열재를 필요한 곳에 붙이는 공법

# 제6장 미장 및 타일공사

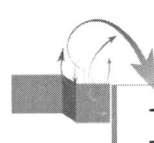

## 1. 미장공사

### 1) 미장재료의 분류

① 기경성 미장재료 : 공기 중에서 경화하는 성질의 미장재료(수축성)

② 수경성 미장재료 : 물과 반응하여 경화하는 미장재료(팽창성)

| 분류 | 미장재료 | | 특징 | 표면 성질 |
|---|---|---|---|---|
| 기경성 | 진흙 | | 진흙, 모래, 짚여물의 물반죽<br>흙벽 시공 | 알칼리성 |
| | 회반죽, 회사벽 | | 소석회+모래+여물+해초풀 | 알칼리성 |
| | 돌로마이트 플라스터 | | 돌로마이트 석회+모래+여물<br>건조수축이 크다. | 알칼리성 |
| 수경성 | 석고<br>계열 | 순석고 플라스터 | 소석고+석회죽+모래+여물의 물반죽,<br>경화속도가 빠르다. | 중성 |
| | | 혼합석고 플라스터 | 혼합석고+모래+여물의 물반죽, 약한<br>알칼리성을 띤다. | 알칼리성 |
| | | 경석고 플라스터 | 무수석고+모래+여물의 물반죽,<br>표면의 경도가 크고 광택이 있다. | 산성 |
| | 시멘트 모르타르 | | 시멘트+물+모래 | 알칼리성 |
| | 인조석 | | 백시멘트+종석+안료+물 | 알칼리성 |
| 용액성 | 마그네시아 시멘트 | | 바닥마감재인 리그노이드의 주원료 | 산성 |

### 2) 석회와 석고

① 석회

보통 석회는 소석회를 말하며 소석회를 물과 반죽하여 벽면에 얇게 바르면 공기 중 탄산가스와 반응하여 단단한 석회가 된다.

• 성질
- 가소성이 크고 경화시간이 늦다.
- 수축성 미장재료이며 기경성이다.
- 습기에 약하여 내부에서 사용한다.

② 석고
　㉠ 소석고 : 천연석고를 150~190℃에서 천천히 가열하여 결정수가 3/4 방출된 석고
　㉡ 경석고 : 천연석고를 400~500℃에서 가열하여 결정수가 모두 방출된 석고
　　• 성질
　　　- 수경성이며 팽창성이 있다.
　　　- 경화시간이 짧다.

### 3) 미장공사 시 주의사항

① 양질의 재료를 사용하도록 한다.
② 바탕면을 거칠게 하고 적당한 물축임을 한다.
③ 바름두께는 균일하게 한다.
④ 초벌 후 재벌까지의 기간을 충분히 잡는다.
⑤ 급격한 건조를 피하고 시공 중이나 경화 중에는 진동을 피한다.

### 4) 미장공사 치장마무리 방법

① 시멘트 모르타르 바름
② 회반죽 바름
③ 플라스터 바름
④ 흙바름
⑤ 인조석 바름

### 5) 시멘트 모르타르 바름

① 모르타르의 종류

| 종 류 | | 용 도 |
|---|---|---|
| 보통 모르타르 | 보통 시멘트 모르타르 | 구조용, 일반수장용 |
| | 백시멘트 모르타르 | 착색, 치장용 |
| 특수 모르타르 | 바라이트 모르타르 | 방사선 차단용 |
| | 질석 모르타르 | 경량 구조용 |
| | 석면 모르타르 | 단열, 균열 방지용 |
| | 합성수지 모르타르 | 광택용 |
| 방수 모르타르 | | 방수용 |
| 아스팔트 모르타르 | | 내산성 바닥용 |

② 바름두께
　㉠ 1회의 바름두께는 바닥을 제외하고 6mm를 표준으로 한다.
　㉡ 부위별 두께
　　• 바깥벽, 바닥 : 24mm
　　• 안벽 : 18mm
　　• 천장 : 15mm
　㉢ 실내바닥 마무리 공법 : 바름마무리, 붙임마무리, 깔기마무리
③ 바르기 순서
　㉠ 일반적 순서 : 위 → 아래(밑)
　㉡ 실내 순서 : 천장 → 벽 → 바닥
　㉢ 외벽 순서 : 옥상난간 → 지층
④ 시공순서
　㉠ 시멘트 모르타르 3회 바름(벽)
　　바탕처리 → 물축이기 → 초벌바름 → 고름질 → 재벌 → 정벌
　㉡ 시멘트 모르타르 바닥 바름
　　청소 및 물씻기 → 순시멘트풀 도포 → 모르타르 바름 → 규준대 밀기
　　→ 나무흙손 고름질 → 쇠흙손 마감

## 6) 회반죽

① 재료 : 해초풀, 여물(균열 방지), 소석회, 모래
② 여물의 종류 : 짚여물, 종이여물, 삼여물, 털여물
③ 시공순서
　반죽처리 → 재료반죽 → 바탕처리 → 수염붙이기 → 초벌바름 → 재벌바름
　→ 정벌바름 → 마무리 및 보양

 해초풀의 역할 : 점도 증대, 부착력 증대, 강도 증대, 점도 증가에 의한 균열방지

## 7) 인조석, 테라조 바름

① 재료 : 백시멘트, 종석, 안료, 석분, 물
② 테라조 현장갈기 시공순서
　황동줄눈대기 → 테라조 종석바름 → 양생 및 경화 → 초벌갈기 → 시멘트풀 먹임
　→ 정벌갈기 → 왁스칠
③ 줄눈대 설치 목적
　• 재료의 수축, 팽창에 대한 균열 방지
　• 바름 구획을 구분

- 보수 용이

④ 줄눈대의 설치 간격
- 최대 줄눈대 간격은 2m 이하로 하고 보통 90cm각을 많이 이용한다.
  (면적 1.2m² 이내)

### 8) 셀프 레벨링재

① 자체 유동성이 있어서 평탄하게 되는 성질을 이용하여 바닥마름질 공사 등에 사용하는 재료이다.
② 셀프 레벨링재의 표면에 물결무늬가 생기지 않도록 창문 등을 밀폐하여 통풍과 기류를 차단한다.
③ 시공 중이나 시공 완료 후 기온이 5℃ 이하가 되지 않도록 한다.

## 2. 타일공사

### 1) 타일의 분류

① 점토제품의 분류

| 종류 | 소성온도(℃) | 흡수율(%) | 용도 |
| --- | --- | --- | --- |
| 토기 | 790~1000 | 20% 이상 | 기와, 벽돌, 토관 |
| 도기 | 1100~1230 | 15~20% | 타일, 테라코타 |
| 석기 | 1160~1350 | 8% 이하 | 타일, 클링커타일 |
| 자기 | 1230~1460 | 0~1% | 자기질타일 |

- 흡수성 : 토기 > 도기 > 석기 > 자기
- 강도 : 자기 > 석기 > 도기 > 토기

② 제조법에 의한 분류

| 종류 | 성형방법 | 용도 |
| --- | --- | --- |
| 건식법 | 원재료를 건조 분말하여 프레스(가압) 성형한 것 | 내장, 바닥타일 |
| 습식법 | 원재료를 물반죽하여 형틀에 넣고 압출성형한 것 | 외장타일 |

③ 타일의 용도상 분류

| 종류 | 특징 |
|---|---|
| 외부벽용 타일 | • 흡수성이 적은 것<br>• 외기에 저항력이 강하고 단단한 것 |
| 내부벽용 타일 | • 흡수성이 다소 있는 것<br>• 미려하고 위생적이며 청소가 용이한 것 |
| 내부바닥용 타일 | • 단단하고 내구성이 강한 것<br>• 흡수성이 적은 것<br>• 내마모성이 좋고 충격에 강한 것<br>• 자기질, 석기질의 무유로 표면이 미끄럽지 않은 것 |

## 2) 타일 시공 시 동결현상

① 동결현상의 종류 : 박리, 균열, 백화, 동해

② 동해(凍害)의 방지법
- 붙임용 모르타르 배합비를 정확히 한다.
- 소성온도가 높은 타일을 사용한다.
- 타일은 흡수성이 낮은 것을 사용한다.
- 줄눈 누름을 충분히 하여 빗물의 침투를 방지한다.

## 3) 타일 붙이기

① 바탕처리
- 타일 부착이 잘 되게 표면은 약간 거칠게 한다.
- 바탕처리 후 1주일 이상 경과 후 타일붙임이 원칙이다.

② 배합비(시멘트 : 모래)
- 경질타일 - 1 : 2
- 연질타일 - 1 : 3
- 흡수성이 큰 타일일 때는 필요 시 가수(加水)하여 사용한다.

③ 벽타일 붙이기 및 줄눈파기 순서

㉠ 벽타일 붙이기 순서

　　바탕처리 → 타일 나누기 → 벽타일 붙이기 → 치장줄눈 → 보양

㉡ 벽타일 줄눈파기 순서

　　세로 → 가로

④ 바닥 플라스틱 타일 시공순서

　바탕고르기 → 프라이머 도포 → 접착제 도포 → 타일 붙이기 → 타일면 청소
　→ 타일면 왁스 먹임

### 4) 타일 붙이기 공법

① 떠붙이기 공법
- ㉠ 떠붙임 공법 : 타일 이면에 모르타르를 얹어서 바탕면에 직접 붙이는 공법
- ㉡ 개량 떠붙임 공법 : 벽돌 벽면 또는 거친 콘크리트면에 먼저 평활하게 미장바름한 다음, 타일 이면에 모르타르를 3~6mm 정도로 비교적 얇게 발라 붙이는 방법

② 압착붙이기 공법
- ㉠ 압착붙임 공법 : 바탕면은 미리 미장바름하여 평활하게 하고, 그 위에 접착 모르타르를 얇게 바른 후, 타일을 한 장씩 눌러 붙이는 공법
- ㉡ 개량압착공법 : 바탕면에 모르타르를 나무 흙손 바름한 후 타일면과 흙손 바름면에 붙임 모르타르를 발라서 눌러 붙여 타일 주변에 모르타르가 빠져나오게 하는 공법

③ 접착제 붙이기 공법 : 유기질 접착제나 수지 모르타르를 바탕면에 바르고, 그 위에 타일을 붙이는 공법

④ 밀착(동시줄눈)공법 : 바탕면에 붙임 모르타르를 바르고 타일을 눌러 붙인 다음 공구를 이용하여 타일면에 충격을 가하는 공법

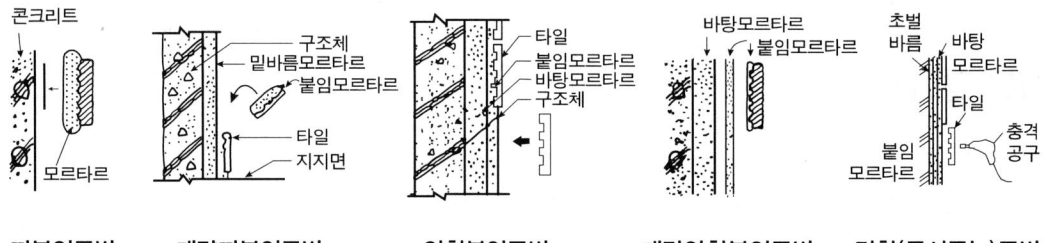

| 떠붙임공법 | 개량떠붙임공법 | 압착붙임공법 | 개량압착붙임공법 | 밀착(동시줄눈)공법 |

⑤ 떠붙이기 공법과 압착공법의 비교

| 종류 | 떠붙임공법 | 압착공법 |
|---|---|---|
| 특징 | ① 타일과 붙임 모르타르의 접착성이 비교적 양호하다.<br>② 박리하는 수가 적다.<br>③ 다른 공법에 비해 시공관리가 용이하다.<br>④ 한 장씩 쌓아가므로 작업속도가 더디고 작업에 숙련을 요한다. | ① 타일 이면에 공극이 적으므로 백화현상이 적다.<br>② 직접 붙임공법에 비해 숙련도를 요하지 않는다.<br>③ 작업속도가 빠르고 능률이 높다.<br>④ 동해의 발생이 적다. |

⑥ 타일 박락 검사
- 시공 후 검사 : 주입시험검사, 인장시험검사
- 시공 중 검사 : 검사봉 타입법, 시험체 확인법

⑦ open time

타일 붙임 시 접착력을 확보하기 위해 모르타르나 접착제를 바른 후 타일을 붙일 때까지 소요되는 대기시간으로 내장타일은 10분 내외, 외장타일은 20분 내외의 open time을 갖는다.

## 5) 타일공사 적산

① 수량 산출법

㉠ 정사각형 타일

$$\text{타일량} = \frac{\text{시공면적}(m^2)}{(\text{타일 한 변 길이}(m) + \text{줄눈}(m))^2}$$

㉡ 직사각형 타일

$$\text{타일량} = \frac{\text{시공면적}(m^2)}{(\text{타일 가로길이}(m) + \text{줄눈}(m)) \times (\text{타일 세로길이}(m) + \text{줄눈}(m))}$$

※ 타일량은 정수 단위로 절상한다.

② 타일의 줄눈

| 구분 | | 줄눈크기 |
|---|---|---|
| 대형 | 외부 | 9mm |
| | 내부 | 6mm |
| 소형 타일 | | 3mm |
| 모자이크 타일 | | 2mm |

③ 기타 적산량

- 인부수(인), 도장공(인), 접착제(kg) = 시공면적 × 단위면적당 수량
- 인부수와 도장공은 꼭 정수로 절상하여 구한다.
- 타일량은 시공(바닥)면적으로 구한다.

# 기출 및 예상문제

**1.** 다음은 미장공사에 대한 기술이다. 알맞은 용어를 보기에서 골라 서로 연결하시오.(산업 00-2)

〈보기〉 ① 바라이트 ② 라스먹임 ③ 덧먹임

가) 메탈라스, 와이어라스 등의 바탕에 최초로 발라 붙이는 작업 :

나) 방사선 차단용으로 시멘트, 바라이트 분말, 모래를 섞어 만든다. :

다) 바르기의 접합부 또는 균열의 틈새, 구멍 등에 반죽된 재료를 밀어 넣는 작업 :

**2.** 회반죽의 재료 4가지를 쓰시오.(산업 94-5, 01-7 기사 96-5, 98-10)

① _____
② _____
③ _____
④ _____

**3.** 다음 미장재료 중 수경성 미장재료를 고르시오.(산업 11-10, 14-7, 기사 16-6)

① 석고 플라스터      ② 시멘트 모르타르     ③ 인조석바름
④ 돌로마이트 플라스터  ⑤ 회반죽            ⑥ 킨즈 시멘트

**4.** 회반죽 시공 시 다음 용어를 설명하시오.(산업 96-11, 10-4, 12-7, 기사 95-7)

가) 수염         나) 코너비드
다) 소석회의 경화  라) 고름질

**5.** 미장공사의 치장마무리 방법을 5가지 쓰시오.(산업 96-9, 00-9)

① _____
② _____

③ _____
④ _____
⑤ _____

**6.** 테라조(terazzo)에 대해서 간략히 기술하시오.(산업 98-10, 14-10)


**7.** 다음 재료 중에서 수경성 미장재료를 골라 기호를 쓰시오.(산업 94-10, 95-10, 98-5)

〈보기〉 ① 시멘트 모르타르    ② 회반죽
      ③ 돌로마이트 플라스터   ④ 인조석 물갈기


**8.** 미장재료에서 석회질과 석고질의 성질을 각각 2가지 쓰시오.(기사 95-5)

가) 석회질  ①
           ②
나) 석고질  ①
           ②


**9.** 다음 보기 중에서 기경성 재료를 모두 골라 번호를 쓰시오.(기사 95-10)

〈보기〉 ① 킨즈시멘트       ② 아스팔트 모르타르
      ③ 마그네시아 시멘트  ④ 시멘트 모르타르
      ⑤ 진흙질           ⑥ 소석회


**10.** 다음 보기에 있는 미장재료 중에서 알칼리성을 갖는 것을 골라 기호로 쓰시오.(산업 96-9, 98-7, 00-4, 01-11)

〈보기〉 ① 석회석 플라스터   ② 시멘트 모르타르
      ③ 순석고 플라스터   ④ 돌로마이트 플라스터
      ⑤ 회반죽          ⑥ 경석고 플라스터

**11.** 회반죽에서 해초풀의 역할과 기능에 대하여 4가지를 기술하시오.(기사 99-5, 01-11)

① _____
② _____
③ _____
④ _____

**12.** 다음 시멘트 모르타르의 바름 두께를 해당 답란에 답하시오.(산업 99-11, 기사 95-7, 99-9, 00-2)

| 가) 바닥　　나) 안벽　　다) 바깥벽　　라) 천장 |
|---|

**13.** 시멘트 모르타르 3회 바르기 순서를 바르게 나열하시오.(산업 00-11, 기사 95-10)

| 〈보기〉 ① 초벌바름　② 바탕처리　③ 고름질 |
|---|
|　　　　 ④ 물축이기　⑤ 재벌　　　⑥ 정벌 |

**14.** 미장바탕 시 회반죽 혼화재료 3가지를 쓰시오.(산업 01-7, 96-5)

① _____
② _____
③ _____

**15.** 실내바닥 마무리 중 바름 마무리 외에 ( ① )마무리, ( ② )마무리가 있다. (　) 안에 맞는 답을 쓰시오.(기사 93-10, 98-7)

**16.** 미장공사에 사용되는 다음 특수모르타르의 용도를 간단히 쓰시오.(산업 11-4)

| ① 질석 모르타르 |
|---|
| ② 바라이트 모르타르 |
| ③ 아스팔트 모르타르 |

**17.** 다음은 목조 졸대바탕 회반죽 바름순서이다. ( ) 안을 채우시오.(기사 97-4, 98-5, 99-7)

> 재료비빔 → ( ① ) → ( ② ) → 초벌바름 → ( ③ ) → 정벌바름 → ( ④ )

**18.** 테라조(terrazzo) 현장갈기 시공순서를 보기에서 골라 쓰시오.(기사 96-7, 97-9, 99-3, 00-4, 11-11, 16-4, 16-6, 17-6)

> ① 왁스칠     ② 시멘트 풀먹임     ③ 양생 및 강화
> ④ 초벌갈기   ⑤ 정벌갈기           ⑥ 황동줄눈대 대기
> ⑦ 테라조 종석바름

**19.** 다음 실내면의 미장 시공순서를 기입하시오.(산업 93-7, 99-3, 기사 97-11)

> 실내 3면의 시공순서는 ( ① ), ( ② ), ( ③ )의 시공순서로 공사한다.

**20.** 시멘트 모르타르 미장공사 중 바닥바름의 시공순서를 보기에서 골라 기호로 쓰시오. (산업 98-5)

> ① 나무흙손 고름질   ② 규준대 밀기   ③ 청소 및 물씻기
> ④ 순시멘트풀 도포   ⑤ 쇠흙손 마감   ⑥ 모르타르 바름

**21.** 다음 각종 미장재료를 기경성 및 수경성 미장재료로 분류할 때 해당되는 재료명을 보기에서 골라 쓰시오.(기사 11-7, 17-4, 18-11)

> ① 진흙                ② 순석고플라스터   ③ 회반죽
> ④ 돌로마이트플라스터  ⑤ 킨즈시멘트       ⑥ 인조석바름
> ⑦ 시멘트 모르타르

가) 기경성 :                    나) 수경성 :

**22.** 다음은 특수 미장공법이다. 설명하는 내용의 공법을 쓰시오.(산업 10-9, 15-4, 기사 15-11, 17-6)

> ① 시멘트, 모래, 잔자갈, 안료 등을 반죽하여 바탕바름이 마르기 전에 뿌려 바르는 거친벽 마무리로 일종의 인조석 바름이다.
> ② 돌로마이트에 화강석 부스러기, 색모래, 안료 등을 섞어 정벌 바름하고 충분히 굳지 않은 상태에서 표면을 거친 솔, 얼레빗 같은 것으로 긁어 거친 면으로 마무리한 것

**23.** 미장공사 중 셀프 레벨링(self leveling)재에 대해 설명하고 혼합재료 두 가지를 쓰시오.(기사 10-10, 11-5, 14-7, 15-4)

> 가) 셀프 레벨링재 :
> 나) 혼합재료 :

**24.** 미장공사에서 회반죽으로 마감할 때 주의사항 2가지를 쓰시오.(기사 11-11, 14-7, 15-4, 15-7)

① _____
② _____

**25.** 바닥에 설치하는 줄눈대의 설치목적을 2가지 쓰시오.(산업 11-10, 15-4)

① _____
② _____

**26.** 다음은 미장공사 중 석고플라스터의 마감 시공순서이다. 빈 칸을 채우시오.(산업 10-4)

> 바탕정리 → ( ① ) → ( ② ) → 고름질 및 재벌바름 → ( ③ )

## 27. 다음 보기의 타일을 흡수성이 큰 순서대로 배열하시오.(산업 97-11, 00-9, 11-10, 15-4, 15-7, 기사 11-7)

① 자기질　　② 토기질　　③ 도기질　　④ 석기질

## 28. 벽 타일 붙이기 시공순서이다. 번호대로 나열하시오.(산업 11-7, 12-4, 15-10, 기사 10-7, 12-7, 13-4, 14-11, 15-7, 16-6)

① 타일 나누기　　② 치장줄눈　　③ 보양
④ 벽타일 붙이기　　⑤ 바탕처리

## 29. 바닥 플라스틱재 타일 붙이기의 시공순서를 보기에서 골라 번호를 쓰시오.
(기사 12-10, 14-11)

① 타일 붙이기　　② 접착제 도포　　③ 타일면 청소
④ 타일면 왁스먹임　　⑤ 콘크리트 바탕건조
⑥ 콘크리트 바탕 마무리　　⑦ 프라이머 도포　　⑧ 먹줄치기

## 30. 타일의 종류 중 표면을 특수처리한 타일의 종류 3가지를 쓰시오.
(산업 11-4, 기사 11-11, 15-7)

① _____
② _____
③ _____

## 31. 타일의 선정 및 선별에서 타일의 용도상 종류를 구별하여 3가지를 쓰시오.
(산업 92-9)

① _____
② _____
③ _____

**32.** 다음은 벽타일 붙임공법이다. 설명된 내용의 공법 명칭을 쓰시오.(기사 11-5)

① 평탄하게 만든 바탕 모르타르 위에 붙임 모르타르를 바르고 그 위에 손으로 한 장씩 타일을 두드려 누르거나 비벼 넣으면서 붙이는 방법이다.
② 유닛타일 공법이라고 하며, 공장에서 작은 타일을 하드롤지에 붙여 일정 규격으로 만든 후 시공하는 방법으로 낱장붙임과 같다.

**33.** 거푸집면 타일 먼저붙이기 공법 3가지를 쓰시오.(기사 11-5, 18-4)

① _____
② _____
③ _____

**34.** 바닥 플라스틱재 타일의 시공순서를 다음 보기에서 골라 순서대로 쓰시오.(산업 96-7)

〈보기〉 ① 접착제도포   ② 타일 붙이기
        ③ 바탕고르기   ④ 프라이머 도포

**35.** 타일 시공도 작성 시 주의사항 4가지를 쓰시오.(기사 11-11)

① _____
② _____
③ _____
④ _____

**36.** 타일공사에서 open time을 설명하시오.(기사 11-5)

**37.** 내부바닥타일이 가져야 할 성질을 4가지 쓰시오.(산업 97-6, 00-6, 기사 17-6)

① _____
② _____

③ _____
④ _____

**38.** 다음은 타일의 원료와 재질에 대한 설명이다. 알맞은 것을 고르시오. (산업 10-9)

<보기> ① 토기    ② 도기    ③ 석기    ④ 자기

가. 점토질의 원료에 석영, 도석, 납석 및 소량의 장석질을 넣어 1,000~1,300℃로 구워낸 것으로 두드리면 둔탁한 소리가 나며 위생설비 등에 주로 사용된다.

나. 정제하지 않아 불순물이 많이 함유된 점토를 유약을 입히지 않고 700~900℃의 비교적 낮은 온도에서 한 번 구워낸 것으로 다공성이며 기계적 강도가 낮다.

다. 규석, 알루미나 등이 포함된 양질의 자토로 1,300℃~1,500℃의 고온에서 구워낸 것으로 외관이 미려하며 내식성 및 내열성이 우수하며 고급 장식용 등에 사용된다.

**39.** 다음은 타일 붙이기 순서이다. 시공순서를 쓰시오. (산업 95-7.10, 96-5, 98-10, 01-4, 기사 98-7, 00-11)

<보기> ① 타일 나누기    ② 보양    ③ 타일 붙이기
       ④ 바탕처리       ⑤ 치장줄눈

**40.** 다음은 테라조 시공에 대한 내용이다. 순서대로 나열하시오. (기사 11-7)

① 바름      ② 갈기        ③ 광내기
④ 양생      ⑤ 줄눈대 대기  ⑥ 바탕처리

**41.** 타일 시공 시 공법을 선정할 때 고려해야 할 사항을 3가지 쓰시오. (산업 10-9)

① _____
② _____
③ _____

**42.** 다음 미장공사 용어에 대해 설명하시오.(산업 12-10, 기사 17-11)

① 바탕처리
② 덧먹임

**43.** 타일의 박락을 방지하기 위한 검사로는 시공 중 검사와 시공 후 검사가 있다. 이 중 시공 후 검사 2가지를 쓰시오.(기사 10-10, 17-11)

① _____
② _____

**44.** 타일의 동해방지법 4가지를 쓰시오.(산업 96-11, 기사 02-7, 15-4, 18-4)

① _____
② _____
③ _____
④ _____

**45.** 타일공사 시 도면 또는 특기시방에서 정한 바가 없을 경우 타일 붙이기의 줄눈너비에 대해 아래 구분에 따라 쓰시오.(산업 08-4)

① 대형(외부)타일   ② 대형(내부)타일
③ 소형타일         ④ 모자이크타일

**46.** 타일공법 중 압착공법의 장점에 대하여 3가지 쓰시오.(기사 01-7)

① _____
② _____
③ _____

**47.** 아래 설명된 내용의 재료를 쓰시오.(산업 12-7, 16-4)

자토를 반죽하여 형틀에 맞추어 찍어낸 후 소성한 점토제품으로 대개 속이 빈 형태를 취하고 있으며 구조용으로 쓰이는 공동벽돌과 난간벽의 장식, 돌림띠, 창대, 주두 등의 장식용이 있다.

**48.** 다음 그림과 같은 화장실의 바닥에 사용되는 타일 수량을 산출하시오.(단, 타일의 규격은 10cm×10cm이고 줄눈두께를 3mm로 한다.)(산업 00-11, 04-9, 16-6)

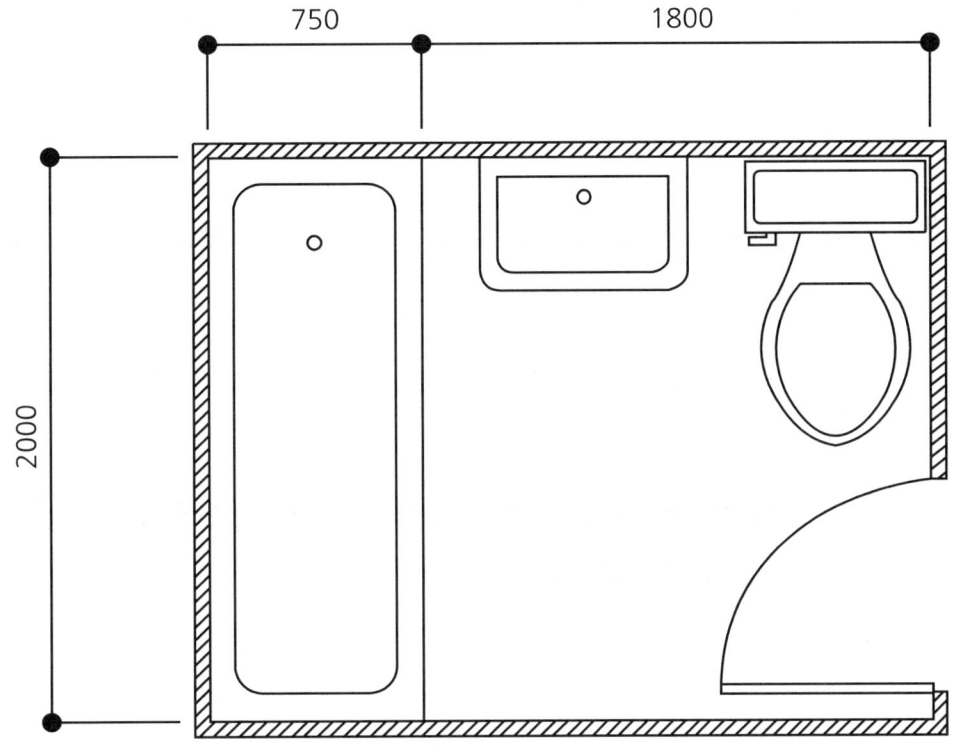

**49.** 바닥면적 600m²를 1일에 미장공 5인을 동원할 경우 작업완료에 필요한 소요일수를 산출하시오.(단, 아래와 같은 품셈을 기준으로 한다.)(산업 05-4)

m²당

| 구 분 | 단 위 | 수 량 |
|---|---|---|
| 미장공 | 인 | 0.05 |

**50.** 다음에 설명하는 내용을 보기에서 골라 번호로 쓰시오.(산업 10-7)

<보기> ① 눈먹임  ② 잣대고르기  ③ 규준대고르기
④ 고름질  ⑤ 덧먹임

가. 바름두께 또는 마감두께가 고르지 않거나 요철이 심할 때 초벌바름 위에 발라 면을 바르게 하는 것

나. 바르기의 접합부 또는 균열의 틈새, 구멍 등에 반죽재를 밀어 넣어 메우는 것

다. 평탄한 바름면을 만들기 위하여 잣대로 밀어 고르거나 미리 발라둔 규준대면을 따라 붙여서 요철이 없는 바름면을 형성하는 것

**51.** 다음 〈보기〉의 미장재료 중 기경성 재료를 모두 고르시오. (기사 13-4)

〈보기〉 ① 돌로마이트 플라스터  ② 진흙
　　　 ③ 아스팔트 모르타르  　　④ 시멘트 모르타르
　　　 ⑤ 순석고　　　　　　　　⑥ 인조석바름

**52.** 다음은 미장공사의 단계별 공법이다. 〈보기〉의 공법을 순서대로 바르게 나열하시오. (기사 13-7)

〈보기〉 고름질, 바탕처리, 재벌바름, 초벌바름 및 라스먹임, 정벌바름

**53.** 바닥면적 12m×10m에 가로, 세로 18cm의 타일을 줄눈간격 10mm로 붙일 때 필요한 타일수량을 정미량으로 산출하시오. (기사 13-7)

**54.** 가로, 세로가 108mm인 타일을 줄눈 5mm로 시공할 때 바닥면적 8㎡에 필요한 타일수량을 정미량으로 산출하시오. (기사 14-4)

**55.** 자기질 타일과 도기질 타일의 특징을 각각 2가지씩 쓰시오. (기사 16-11)

(1) 자기질 타일
① _____
② _____

(2) 도기질 타일
① _____
② _____

**56.** 미장공사 시 발생하는 균열을 방지하기 위한 대책을 4가지 쓰시오.(기사 16-4)

① _____
② _____
③ _____
④ _____

**57.** 타일나누기 작업 시 주의사항 3가지를 서술하시오.(기사 18-11)

① _____
② _____
③ _____

**58.** 면적 10×20m인 바닥에 클링커 타일 180×180mm, 줄눈 간격 10mm로 시공할 경우 타일 수량을 구하시오. 단, 할증은 고려하지 않는다.(기사 18-11)

## 해답

**1.** 가) ②, 나) ①, 다) ③

**2.** 해초풀, 소석회, 모래, 여물

**3.** ①, ②, ③, ⑥

**4.** 가) 목조의 졸대바탕에 붙여서 회반죽이 떨어지는 것을 방지하기 위하여 대는 섬유질
　　나) 기둥, 벽 등의 모서리에 대어 미장바름을 보호하기 위한 철물
　　다) 석회석($CaCO_3$)을 분쇄하여 1300℃ 정도로 구우면 생석회($CaO$)가 되고 다시 물을 부어 경화시키면 소석회가 되는 것
　　라) 회반죽바름 등 미장공사에서 바탕면을 고르고 평탄하게 조정하는 작업

**5.** ① 시멘트 모르타르 바름　② 회반죽 바름　③ 인조석 바름
　　④ 플라스터 바름　⑤ 흙바름

**6.** 백색시멘트에 종석(대리석)과 안료를 혼합하여 바닥면을 연마해낸 인조석의 하나로서, 바닥마감용으로 주로 쓰이는 것이다.

**7.** ①, ④

**8.** 가) ① 기경성　② 수축성
　　나) ① 수경성　② 팽창성

**9.** ②, ⑤, ⑥

**10.** ②, ④, ⑤

**11.** ① 점도가 증가한다.　② 강도가 증가한다.
　　③ 부착력이 증가한다.　④ 점도 증가로 인한 균열 방지효과가 있다.

**12.** 가) 24mm　나) 18mm　다) 24mm　라) 15mm

**13.** ② → ④ → ① → ③ → ⑤ → ⑥

**14.** 해초풀, 여물, 소석회

**15.** ① 붙임　② 깔기

**16.** ① 경량구조 및 단열용　② 방사선 차폐용　③ 내산 바닥용

**17.** ① 바탕처리　② 수염붙이기　③ 재벌　④ 마무리 및 보양

**18.** ⑥ → ⑦ → ③ → ④ → ② → ⑤ → ①

**19.** ① 천장　② 벽　③ 바닥

**20.** ③ → ④ → ⑥ → ② → ① → ⑤

**21.** 가) 기경성 : ①, ③, ④
　　 나) 수경성 : ②, ⑤, ⑥, ⑦

**22.** ① 러프코트　② 리신바름

**23.** 가) 자체 유동성이 있어서 바닥면에 흘려 넣으면 수평 바닥면을 형성 후 경화되는 바탕처리 재로서 시멘트계와 석고계열이 있다.
　　 나) 유동화제, 경화지연제

**24.** ① 실내온도가 2℃ 이하일 때는 공사를 중단하거나 난방하여 5℃ 이상으로 유지한다.
　　 ② 회반죽은 기경성이므로 통풍을 억제하고 강한 일사광선을 피한다.

**25.** ① 마감재료의 수축 및 팽창 변화에 대처한다.
　　 ② 주변재료의 연속파손 및 재질변화를 방지한다.

**26.** ① 재료반죽　② 초벌바름　③ 정벌바름

**27.** ② → ③ → ④ → ①

**28.** ⑤ → ① → ④ → ② → ③

**29.** ⑥ → ⑤ → ⑦ → ⑧ → ② → ① → ③ → ④

**30.** 태피스트리 타일, 스크래치 타일, 천무늬 타일

**31.** 외부벽용 타일, 내부벽용 타일, 내부바닥용 타일

**32.** ① 압착공법　② 판형붙임공법

**33.** 타일시트 공법, 줄눈채우기 공법, 고무줄눈 설치공법

**34.** ③ → ④ → ① → ②

**35.** ① 바름 두께를 감안하여 실측하고 작성한다.
　　 ② 타일규격과 줄눈을 포함한 값을 기준규격으로 한다.
　　 ③ 매수, 크기, 이형물, 매설물의 위치를 명시한다.
　　 ④ 가능한 한 수전은 줄눈 교차부에 둔다.

**36.** 타일의 접착력을 확보하기 위해 모르타르를 바른 후 타일을 붙일 때까지 소요되는 붙임시간으로 보통 내장타일은 10분, 외장타일은 20분 정도의 open time을 갖는다.

**37.** ① 단단하고 내구성이 강한 것
　　 ② 흡수성이 적은 것
　　 ③ 자기질, 석기질의 무유로 표면이 미끄럽지 않은 것

④ 내마모성이 좋고 충격에 강한 것

**38.** 가-②   나-①   다-④

**39.** ④ → ① → ③ → ⑤ → ②

**40.** ⑥ → ⑤ → ① → ④ → ② → ③

**41.** ① 타일의 성질   ② 기후의 조건   ③ 시공의 위치

**42.** ① 작업 전 바탕은 깨끗이 청소하고 부실한 곳은 보수하며 우묵한 곳은 덧바르고 들어간 곳은 살을 붙이며 매끄러운 곳은 정으로 쪼아 거칠게 한다.
② 미장 시 균열의 틈새, 구멍 등에 미장 반죽재를 밀어 넣는 작업

**43.** 주입시험검사,  인장시험검사

**44.** ① 붙임용 모르타르 배합비를 정확히 한다.
② 소성온도가 높은 타일을 사용한다.
③ 타일은 흡수성이 낮은 것을 사용한다.
④ 줄눈 누름을 충분히 하여 빗물의 침투를 방지한다.

**45.** ① 9mm   ② 6mm   ③ 3mm   ④ 2mm

**46.** ① 타일 이면에 공극이 적어서 백화현상이 적다.
② 직접 붙임공법에 비해 숙련도를 요구하지 않는다.
③ 작업속도가 빠르고, 능률이 높다.

**47.** 테라코타

**48.** 욕조부분을 제외한 면적은 1.8m×2m=3.6m²이므로
$3.6\text{m}^2 \times \dfrac{1\text{m}^2}{(0.1\text{m}+0.003\text{m})^2} = 339.33$ 타일량은 정수이므로 소요량은 **340장**

**49.** 총 인원=600m²×0.05(인/m²)=30인
소요일수는 하루 5인을 동원하므로 30÷5=**6일**

**50.** 가-④   나-⑤   다-②

**51.** ①, ②, ③

**52.** 바탕처리 → 초벌바름 및 라스먹임 → 고름질 → 재벌바름 → 정벌바름

**53.** 타일수량=$\dfrac{12 \times 10}{(0.18+0.01)^2} = \dfrac{120}{0.0361} = 3{,}324.09\ldots ≒ $ **3325장**

**54.** 타일수량=$\dfrac{8}{(0.108+0.005)^2} = \dfrac{8}{0.12769} = 626.517\ldots ≒ $ **627장**

**55.** (1) 자기질 타일
　　① 내구성 및 내열성이 높다.
　　② 강도가 크고 흡수율이 낮아서 바닥 및 외장타일에 적합하다.
　(2) 도기질 타일
　　① 흡수율이 다소 높고 경도와 기계적 강도는 다소 낮다.
　　② 색상과 디자인을 다양하게 만들 수 있어서 내장타일에 주로 쓰인다.

**56.** ① 여물을 쓰거나 메탈 라스 등의 철망으로 보강한다.
　② 정확한 배합비를 준수한다.
　③ 균열 방지용 혼화제를 사용한다.
　④ 줄눈을 설치한다.

**57.** 다음 中 택3
　① 타일 규격과 줄눈치수는 기준 규격으로 한다.
　② 매수, 마름질 크기, 이형물·수전·매설물 위치를 명시한다.
　③ 가급적 온장을 쓸 수 있도록 계획한다.
　④ 바름두께를 감안하여 실측하고 작성한다.
　⑤ 바닥과 벽을 함께 계획하여 가급적 줄눈이 맞춰지도록 한다.

**58.** 타일량 $= \dfrac{10 \times 20}{(0.18+0.01)^2} = \dfrac{200}{0.0361} = 5,540.166 = 5,541(매)$

　※ 소수점 이하는 올림한다.

# 제7장 창호 및 유리공사

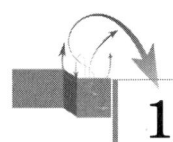

## 1. 창호공사

### 1) 개폐방법에 따른 창과 문의 명칭

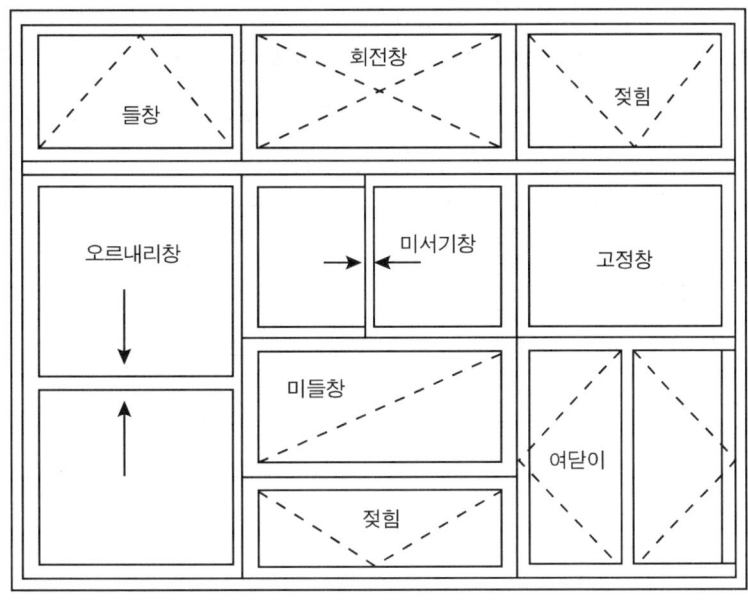

### 2) 목재창호

① 양판문 : 울거미 중심에 넓은 판재를 댄 문

② 플러시문 : 중간 띠장을 10~20cm 간격으로 배치하고 양면에 3~4mm 정도의 합판을 붙인 문

③ 허니컴 플러시문 : 플러시문 울거미 속에 벌집 모양으로 된 종이, 나무, 합성수지 등의 심재를 넣어 표면에 합판 등을 교착하여 만든 문

④ 합판문 : 울거미의 중간에 합판을 대어 만든 문

### 3) 알루미늄 창호

① 특징

㉠ 비중이 철의 1/3 정도로 가볍다.

ⓒ 녹슬지 않고 사용 내구연한이 길다.
ⓒ 공작이 자유롭고 기밀성이 유리하다.
ⓔ 여닫음이 경쾌하다.
② 시공 시 주의사항
ⓐ 강도가 약하므로 취급에 주의한다.
ⓑ 모르타르, 회반죽 등 알칼리성에 약하므로 직접 접촉은 피한다.
ⓒ 동질의 재료로 하거나 녹막이칠을 한다.

### 4) 기타 창호

| 종류 | 특징 | 용도 |
|---|---|---|
| 행거도어 | 대형 호차를 레일 위와 문 양옆에 부착 | 창고, 격납고, 차고 |
| 주름문 | 세로살, 마름모살로 구성, 상하 가드레일을 설치한다. | 방도(防盜)용 |
| 무테문 | 강화유리(12mm), 아크릴판(20mm) 등을 이용, 울거미 없이 설치한 문 | 현관 출입용 |
| 아코디언 도어 | 상부는 행거 롤러, 하부는 중앙 지도리를 써서 접었다 펼쳐지도록 설치한 문 | 칸막이용 |
| 회전문 | 회전 지도리를 사용 | 방풍용, 출입 빈번한 장소 |
| 셔터 | 홈대, 셔터 케이스, 로프, 홈통, 핸들상자로 구성 | 방화(防火)용 |

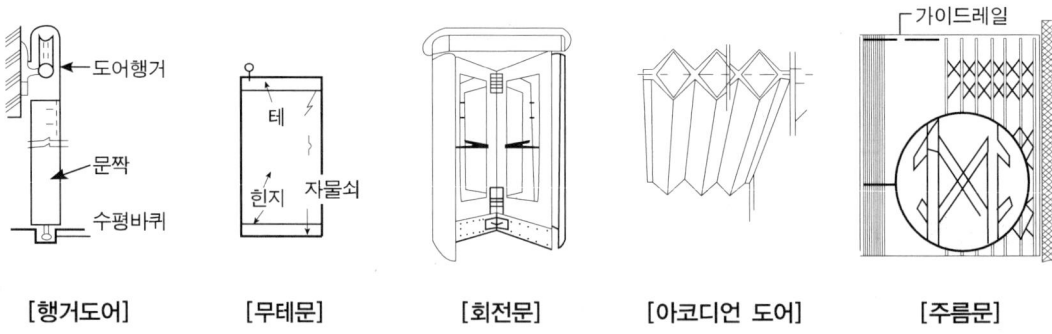

[행거도어]   [무테문]   [회전문]   [아코디언 도어]   [주름문]

### 5) 창호철물

| 종 류 | 용도 및 특징 |
|---|---|
| 정첩 | 여닫이창(문). 한쪽은 문틀에 다른 한쪽은 문에 고정 |
| 레일 | 미서기, 미닫이창(문), 아코디언문. 문틀의 마모 방지 |
| 바퀴(호차) | 미서기, 미닫이창(문). 창호가 잘 움직이도록 설치 |
| 크레센트 | 오르내리기창. 걸쇠(잠금장치) |

## 제7장 창호 및 유리공사

| 오목손걸이 | 미서기창(문). 창이나 문의 손잡이 역할 |
|---|---|
| 도르래 | 오르내리기창. 창호의 하중을 감소 |
| 지도리 | 회전문 등의 축으로 사용되는 철물 |
| 자유정첩 | 자재문. 스프링이 설치되어 자동적으로 닫혀지는 철물 |
| 플로어 힌지 | 무거운 여닫이문. 오일 또는 스프링 장치를 설치 |
| 피벗 힌지 | 무테문, 일반 방화문. 경쾌한 개폐가 가능 |
| 레버토리 힌지 | 공중전화 박스, 공중화장실 문 |
| 도어 클로저 | 현관문 상부. 문을 자동으로 닫히게 하는 장치 |

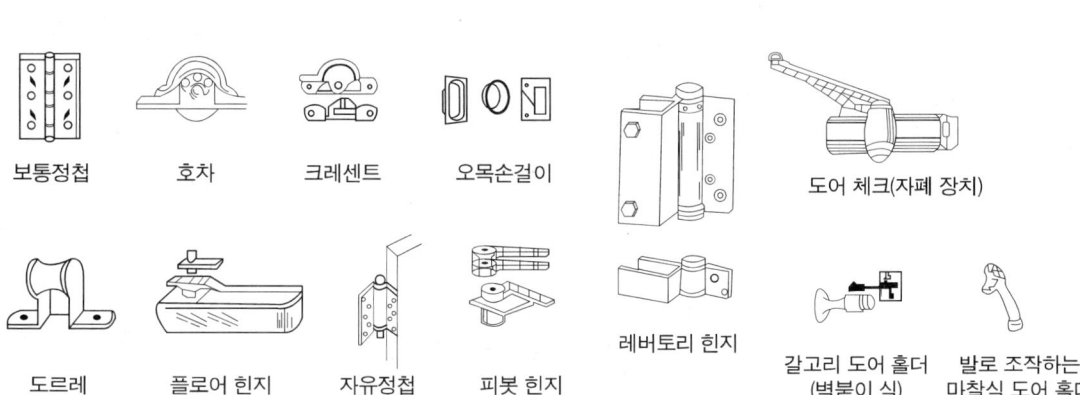

각종 창호 철물

## 2. 유리공사

### 1) 유리의 특징

| 장점 | 단점 |
|---|---|
| ① 반영구적이고 내구성이 크다.<br>② 불연재료이다.<br>③ 빛과 시선의 투과 | ① 충격에 약하여 파손되기 쉽다.<br>② 불에 약하다.<br>③ 파편이 예리하여 위험하다.<br>④ 두께가 얇아서 단열, 차음효과가 적다. |

## 2) 유리의 종류

| 종류 | 특징 | 용도 |
|---|---|---|
| 보통판유리 | ① 박판유리 : 두께 6mm 이하<br>② 후판유리 : 두께 6mm 이상<br>③ 일반적으로 2~5mm가 많이 쓰임<br>④ 길이와 두께 상관없이 9.29m²(100평방피트)를 1상자로 하여 판매 | 일반 창유리 |
| 망입유리<br>(wire glass) | ① 유리판 중간에 철선(망)을 넣은 것<br>② 화재 등의 파손 시 산란하는 위험 방지 | 화재 및 도난방지 |
| 강화유리 | ① 보통유리에 비해 강도가 3~5배 크다.<br>② 내열성이 우수하다<br>③ 파손 시 가루로 부서져 안전하다.<br>④ 현장가공이 불가능하여 열처리 전 가공한다. | 자동차유리<br>에스컬레이터 옆판<br>현관 등의 유리문 |
| 복층유리<br>(pair glass) | ① 2장의 유리 사이에 건조한 공기를 넣은 후 밀봉<br>② 단열, 방음, 결로 방지용 유리 | 단열 창유리 |
| 접합유리 | ① 2장 이상 유리판을 합성수지로 겹붙여 댄 것<br>② 방탄효과가 있고 견고하며 절단이 용이하다. | 자동차 유리<br>방탄유리<br>진열창, 고층건물 |
| 유리블록 | ① 투명유리로서 열전도가 적고 상자형태<br>② 방음, 보온 효과가 크며 장식적 효과가 있다. | 거실, 계단실 채광용 |
| 프리즘유리 | 한 면에 톱날모양의 홈이 있어 광선을 조절, 확산하여 실내를 밝게 한다. | 지하실 채광용 |
| 형판유리<br>(무늬유리) | ① 두께 2~5mm의 반투명판 유리<br>② 판유리의 한 면에 각종 무늬를 돋힌 것 | 출입문, 스크린 |
| 자외선투과유리 | 위생상 좋은 자외선을 투과하는 유리 | 병원, 온실 |
| 유리섬유<br>(glass fiber) | ① 용융된 유리액을 작은 구멍으로 분출시켜 냉각<br>② 가볍고 내화성, 단열성, 흡음성, 내식성이 좋다. | 보온, 단열재 |

## 3) 유리 끼우기

① 재료의 종류 : 반죽퍼티, 나무퍼티, 개스킷(고무, 합성수지)

② 끼우기 공법

   ㉠ 반죽퍼티 대기

   ㉡ 나무퍼티 대기

   ㉢ 고무퍼티 대기

   ㉣ 누름대 대기

③ 절단 및 가공

   ㉠ 유리는 유리칼(glass cutter, diamond cutter)로 절단한다.

㉡ 두꺼운 유리 : 유리칼로 금을 수차례 긋고 뒷면에서 고무망치로 두드려 절단한다.
㉢ 합판유리 : 양면을 유리칼로 자르고 필름은 면도칼로 절단한다.
㉣ 강화유리·복층유리 : 절단이 불가능한 유리이므로 사용치수로 주문제작
㉤ 망입유리 : 유리는 칼로 자르고 꺾기를 반복하여 철을 절단
④ 유리 설치 후 보양 : 종이붙이기, 판 붙이기, 글자 붙이기

## 4) 안전유리

① 강화유리
② 접합유리
③ 망입유리

## 5) 플로트 판유리 검사항목

① 만곡
② 두께
③ 치수
④ 겉모양

## 6) 대형 판유리 시공법

① 서스펜션(suspension) 공법

대형의 판유리를 멀리온 없이 유리만으로 세우는 공법으로 유리 상단을 금속 클램프로 매달고 접합부는 리브 유리(stiffener)로 연결하여 개구부를 만들 수 있으며 유리 사이의 연결은 실런트로 메워 누름한다.

※ 종류 : 리브 보강 그레이징 시스템, 현수 및 리브 보강 그레이징 시스템, 현수 그레이징 시스템

② SGS(Structural sealant Glazing System) 공법

건물의 창과 외벽을 구성하는 유리와 패널류를 구조실런트(Structural saelant)를 사용하여 실내측의 멀리온이나 프레임 등에 접착 고정하는 방법

※ 검토사항 : 풍압력, 온도변화 시 부재의 팽창·수축, 지진에 대한 검토, 유리중량 검토

## 3. 기타 용어

1) 박배 : 창문을 창문틀에 설치하는 작업
2) 마중대 : 미닫이 또는 여닫이 문짝이 서로 맞닿는 선대
3) 여밈대 : 미서기 또는 오르내리기창이 서로 여며지는 선대
4) 풍소란 : 창호가 닫혀졌을 때 틈새로 바람이 들어오지 않도록 덧대어 주는 것
5) 멀리온 : 창 면적이 클 때 기존 창틀을 보강하는 중간 선대
6) 세팅 블록(setting block) : 창틀에 유리판을 끼워 넣을 때 유리판의 파손을 방지하기 위하여 하단 아래쪽에 미리 삽입하는 나무, 고무, 합성수지 등의 재료에 의한 끼움재
7) 정일푼 유리 : 두께 3mm의 판유리
8) 컷 글라스(cut glass) : 판유리 가공품의 하나로서 표면에 광택이 있는 홈줄을 새겨 모양을 낸 유리
9) 샌드 블라스트(sand blast) : 모래나 기타 연마제를 물이나 압축공기로 노즐을 통해 고속 분출하는 것으로 표면을 거칠게 하는 방법
10) 트리플렉스 유리(triplex glass) : 합판유리의 일종으로 2겹의 유리 사이에 투명 플라스틱을 끼운 것
11) LOW-e 유리 : 가시광선은 통과시키고 적외선을 반사하여 단열성능을 높인 특수 유리

## 기출 및 예상문제

**1.** 다음 창호의 명칭을 쓰시오.(산업 97-4, 00-9)

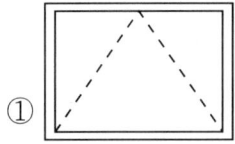 ①    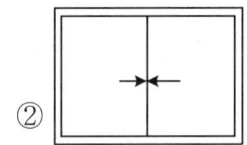 ②    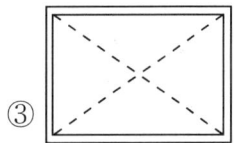 ③    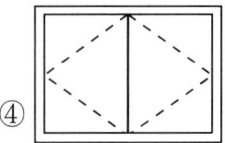 ④

**2.** 다음 용어를 간단히 기술하시오.(산업 97-4, 00-11)

① Air Door :
② Mullion :

**3.** 다음 용어를 설명하시오.(산업 97-4, 00-11, 기사 16-4)

가) 미끄럼막이(non slip) :
나) 익스팬션 볼트(expansion bolt) :

**4.** 페어글라스에 대하여 간단히 설명하시오.(산업 94-10, 95-10, 97-11, 10-9)

**5.** 다음 유리의 특성을 서로 관계있는 것끼리 연결하시오.(기사 99-3, 00-9)

〈보기〉 ① 이중유리　② 강화유리　③ 접합유리
　　　④ 망입유리　⑤ 유리블록　⑥ 프리즘유리
　　　⑦ 자외선 투과유리

가) 고층건물 :　　　　　　나) 계단실, 채광, 의장 :
다) 유류창고 :　　　　　　라) 자동차 :
마) 단열, 방음, 결로 방지 :　바) 지하실채광 :
사) 병원, 온실 :

**6.** 다음 설명에 해당하는 유리를 쓰시오.(산업 96-9, 10-7, 14-10)

> 보통유리에 비하여 3~5배의 강도로서 내열성이 있어 200℃에서도 깨어지지 않고 일단 금이 가면 전부 작은 조각으로 깨어지는 유리

**7.** 유리공사에 쓰이는 용어이다. 간단히 쓰시오.(기사 98-10, 00-2)

> 가) 트리플렉스 유리(triplex glass) :
> 나) 컷 글라스(cut glass) :

**8.** 다음은 유리공사에 대한 용어이다. 용어를 간단히 설명하시오.(기사 00-4)

> 가) 샌드 블라스트(sand blast) :
> 나) 세팅 블록(setting block) :

**9.** 다음 설명하는 유리재료들은 안전을 목적으로 한다. 해당 유리 재료명을 쓰시오. (산업 99-3)

> 가) 방소용 또는 화재, 기타 파손 시 산란하는 위험을 방지하는 데 쓰인다. :
> 나) 성형 판유리를 500~600℃로 가열하고 압착한 유리로 열처리 후에는 가공이 불가능하다. :
> 다) 물질의 노화와 변색을 방지하기 위하여 사용되는 것으로, 의류진열장, 박물관 진열장 등에 쓰인다. :

**10.** 다음 창호의 용도로서 상관성 있는 것을 보기에서 골라 쓰시오.(기사 96-11)

> 〈보기〉 ① 주름문　　② 회전문
> 　　　　③ 아코디언 도어　　④ 무테문

가) 방풍용 :　　　　　　　　나) 현관용 :
다) 칸막이용 :　　　　　　　라) 방도용 :

**11.** 각 창호에 필요한 창호철물을 보기에서 골라 쓰시오.(산업 97-4, 00-7)

〈보기〉 ① 플로어 힌지   ② 도르래
      ③ 정첩         ④ 지도리       ⑤ 레일

가) 오르내리창 :                    나) 여닫이창 :
다) 회전문 :                        라) 미서기창 :

**12.** 알루미늄 새시에 대한 유의사항 3가지를 기술하시오.(산업 95-5)

①  
②  
③  

**13.** 창호철물에 쓰이는 부속품 4가지를 쓰시오.(기사 97-11)

①  
②  
③  
④  

**14.** 다음 특수유리의 쓰임새를 각 1가지씩 쓰시오.(산업 10-4)

① 프리즘유리    ② 자외선 투과유리    ③ 자외선 흡수유리

**15.** 다음 유리에 관한 내용을 서로 상관관계가 있는 것끼리 연결하시오.(산업 01-11)

〈보기〉 ① 갈은유리    ② 합판유리    ③ 복층유리
      ④ 부식유리    ⑤ 망입유리    ⑥ 포도유리

가) 방도용 또는 방화용 :              나) 실내장식용 :
다) 고급건축이나 거울에 사용 :         라) 단열재 :

마) 자동차의 창, 건물의 진열창, 방탄 :

바) 지하실 천장에 채광용 :

**16.** 플로트 판유리의 검사항목 4가지를 쓰시오.(산업 00-4)

① _____
② _____
③ _____
④ _____

**17.** 강화유리의 특성 4가지를 쓰시오.(산업 99-7, 01-7)

① _____
② _____
③ _____
④ _____

**18.** 건축창호에 사용되는 유리의 종류 6가지를 쓰시오.(산업 00-4)

① _____
② _____
③ _____
④ _____
⑤ _____
⑥ _____

**19.** 복층유리의 특성을 3가지 쓰시오.(산업 12-4, 기사 95-5, 98-7, 99-11, 14-11)

① _____
② _____
③ _____

## 20. 다음 창호 철물 중 가장 관계가 큰 것 하나씩을 보기에서 골라 그 번호를 쓰시오.(산업 95-10, 96-9, 99-9)

〈보기〉 ① 레일   ② 정첩   ③ 도르래
       ④ 자유정첩  ⑤ 지도리

가) 여닫이문 :           나) 자재문 :

다) 미닫이문 :           라) 회전문 :


## 21. 다음 보기 중 적합한 유리재를 각 용도에 맞게 연결하시오.(기사 99-3)

〈보기〉 ① 유리블록   ② 프리즘   ③ 복층유리
       ④ 자외선 투과유리

가) 방음, 단열, 결로방지 :

나) 병원, 온실 :

다) 지하실 채광 :

라) 거실, 계단실 채광 :


## 22. 다음은 유리공사에 대한 설명이다. 이에 알맞은 용어를 골라 번호를 쓰시오.(산업 92-9, 94-7, 98-7)

〈보기〉 ① 복층유리  ② 강화유리  ③ 망입유리
       ④ 형판유리  ⑤ 접합유리

가) 한쪽 면에 각종 무늬를 넣은 것 :

나) 방소용 또는 화재, 기타 파손 시 산란하는 위험을 방지하는 데 쓰인다. :

다) 보온, 방음, 결로에 유리하다. :

## 23. 다음 가)~라)와 관계있는 것을 보기에서 고르시오. (산업 99-9, 기사 96-7)

> 〈보기〉 ① 형판유리  ② 합판유리
>      ③ 철망입유리  ④ 강화유리

가) 두께 2~5cm의 반투명판 유리 :

나) 2~3장 유리판을 합성수지로 겹붙여 댄 것 :

다) 보통 판유리보다 3~5배 강도가 큰 것 :

라) 유리판 중간에 금속망을 넣은 것 :

## 24. 유리 끼우는 데 사용되는 재료 3가지만 쓰시오. (산업 12-10, 16-6, 기사 94-9, 97-4)

① _____
② _____
③ _____

## 25. 다음 설명이 뜻하는 용어를 쓰시오. (산업 97-4)

> 가) 한 면이 톱날모양, 광선조절 확산, 실내를 밝게 하는 유리 :
> 나) 채광용, 의장용 유리벽돌 :
> 다) 유리중간에 철선을 넣은 것 :

## 26. 다음의 설명에 해당하는 내용을 보기에서 골라 쓰시오. (산업 97-9, 기사 94-7)

> 〈보기〉 ① 합판유리  ② 보통판유리
>      ③ 강화유리  ④ 철망입유리

가) 양면을 유리칼로 자르고 필름은 면도칼로 절단한다. :

나) 유리칼, 포일커터로 절단한다. :

다) 절단이 불가능한 유리이다. :

라) 유리는 칼로 자르고 꺾기를 반복하여 철을 절단한다. :

**27.** 유리 끼우기 공법 4가지를 쓰시오.(산업 96-7, 99-3)

① _____
② _____
③ _____
④ _____

**28.** 목재 유리문에 사용되는 퍼티의 종류를 3가지 쓰시오.(산업 96-5, 99-7, 기사 96-9)

① _____
② _____
③ _____

**29.** 유리 공사 중 서스펜션 공법에 대하여 설명하시오.(기사 12-10, 15-7)


**30.** 취성(Brittle)을 보강하기 위한 목적으로 사용되는 유리 중 안전유리로 분류할 수 있는 유리의 명칭 3가지를 쓰시오.(산업 12-4, 12-10, 15-4, 15-7, 기사 12-4, 16-4)

① _____
② _____
③ _____

**31.** 다음 (    ) 안에 들어갈 용어를 쓰시오.(기사 11-11)

> 보통유리에 비하여 3~5배의 강도로서 내열성이 있어 200℃에서도 깨지지 않고 일단 금이 가면 전부 콩알만한 조각으로 깨지는 유리를 ( ① ) 유리라고 한다.
> 5mm 이상 유리에 파라핀을 바르고 철필로 무늬를 새긴 후 그 부분을 부식시킨 유리를 ( ② ) 유리라고 한다.

**32.** 다음은 창호공사에 관한 용어이다. 간략히 설명하시오.(기사 11-5, 13-11)

① 풍소란    ② 마중대

**33.** 다음 공간에 사용되는 유리종류를 한 가지씩만 쓰시오.(기사 10-10)

① 자동차유리    ② 의류, 진열공간
③ 유류저장 창고, 방화공간

**34.** 다음 유리에 대해 설명하시오.(기사 10-10)

가) LOW-e 유리 :
나) 접합유리 :

**35.** 합판유리의 특성을 3가지 쓰시오.(기사 99-7, 01-11, 16-6)

① _____
② _____
③ _____

**36.** 다음 설명에 알맞은 유리의 종류를 보기에서 골라 번호로 쓰시오.(산업 11-7, 16-4)

① 접합유리      ② 강화유리        ③ 열선흡수유리
④ 열선반사유리   ⑤ 자외선 투과유리  ⑥ 프리즘유리
⑦ 복층유리      ⑧ 자외선 차단유리

가. 단열성, 차음성이 좋고 결로방지용으로 우수하다.

나. 투사광선의 방향을 변화시키거나 집중 또는 확산시킬 목적으로 만든 유리제품으로 지하실 또는 지붕 등의 채광용으로 사용한다.

다. 단열유리라고도 하며 담청색을 띠고 태양광선의 장파부분을 흡수한다.

**37.** 유리의 열손실을 줄이는 방법을 2가지 설명하시오.(기사 13-7)

**38.** 알루미늄 창호를 철재창호와 비교할 때의 장점 4가지를 쓰시오.(기사 11-7, 13-4, 13-11, 17-4, 17-6)

① _____
② _____
③ _____
④ _____

**39.** 현장에서 절단이 가능한 다음 유리의 절단 방법에 대하여 서술하시오.(산업 16-4, 기사 14-7, 15-11)

① 접합유리    ② 망입유리

**40.** 현장에서 절단이 어려운 유리제품 두 가지를 쓰시오.(산업 16-4, 기사 14-7, 15-11)

**41.** 출입구 및 창호의 평면기호 중 여닫이문의 평면을 형태별로 구분하여 4가지로 작도하시오.(기사 14-7)

**42.** 다음 설명을 읽고 괄호 안에 들어갈 유리의 명칭을 쓰시오.(기사 14-7)

유리를 600℃로 고온 가열 후 급랭시킨 유리로 보통 유리 강도보다 3~5배 정도 크고 200℃ 이상 고온에서도 형태 유지가 가능한 유리를 ( ① ) 유리라 하고, 파라핀을 바르고 철판으로 무늬를 새긴 후 부식처리한 유리를 ( ② )유리라 한다.

**43.** 폴리퍼티에 대해 설명하시오.(기사 17-4)

**44.** 유리의 열파손 원인과 특징을 서술하시오.(기사 17-6)

① 열파손의 원인

② 열파손의 특징

## 해 답

1. ① 들창  ② 미서기창  ③ 회전창  ④ 여닫이창

2. ① 에어커튼이라고도 하며 건물 출입구에 공기층을 이용하여 공기유통을 차단하는 장치
   ② 창 면적이 클 때 기존 창 프레임을 보강하는 중간선대

3. 가) 계단 오르내릴 때 미끄러지는 것을 방지하기 위하여 계단 끝부분에 붙인 철물
   나) 콘크리트벽 등에 띠장, 문틀 등의 다른 부재를 고정하기 위하여 묻어두는 특수볼트

4. 두 장의 유리 사이에 건조공기를 삽입한 후 밀봉한 유리제품으로 방서, 방한, 방음, 단열용으로 쓰인다.

5. 가) ③  나) ⑤  다) ④  라) ②  마) ①  바) ⑥  사) ⑦

6. 강화유리

7. 가) 합판유리의 일종으로 2겹 유리 사이에 투명 플라스틱을 끼운 것
   나) 판유리 가공품의 하나로서 표면에 광택이 있는 홈줄을 새겨 모양을 돋힌 것

8. 가) 모래나 기타 연마제를 물이나 압축공기로 노즐을 통해 고속 분출하는 것으로 표면을 거칠게 하는 방법
   나) 창틀에 유리판을 끼워 넣을 때 유리판의 파손을 방지하기 위하여 하단 아래쪽에 미리 삽입하는 나무, 고무, 합성수지 등의 재료에 의한 끼움재

9. 가) 망입유리  나) 강화유리  다) 자외선 차단유리

10. 가)-②, 나)-④, 다)-③, 라)-①

11. 가)-②, 나)-③, 다)-④, 라)-⑤

12. ① 강도가 약하므로 취급에 유의한다.
    ② 알칼리성에 약하므로 중성재를 도포하거나 격리재를 사용한다.
    ③ 이질재에 의해 부식될 수 있으므로 동질의 재료를 사용하며 녹막이칠을 한다.

13. 정첩, 레일, 바퀴, 크레센트

14. ① 지하실 채광  ② 병원요양실  ③ 의류진열창

15. 가)-⑤, 나)-④, 다)-①, 라)-③, 마)-②, 바)-⑥

16. 치수, 만곡, 두께, 겉모양

17. ① 파손 시 작은 알갱이 형태로 깨져서 비교적 안전하다.
    ② 보통유리에 비해 강도가 3~5배이다.
    ③ 현장가공이 불가능하므로 필요한 가공을 열처리 전에 해야 한다.

④ 내열성이 우수하다.

18. 복층유리, 망입유리, 강화유리, 접합유리, 보통판유리, 유리블록

19. 단열, 방음, 결로방지

20. 가)-②, 나)-④, 다)-①, 라)-⑤

21. 가)-③, 나)-④, 다)-②, 라)-①

22. 가)-④, 나)-③, 다)-①

23. 가)-①, 나)-②, 다)-④, 라)-③

24. 코킹재(반죽퍼티), 나무졸대(나무퍼티), 실런트(개스킷)

25. 가) 프리즘유리, 나) 유리블록, 다) 망입유리

26. 가)-①, 나)-②, 다)-③, 라)-④

27. 반죽퍼티 대기, 나무퍼티 대기, 고무퍼티 대기, 누름대 대기

28. 반죽퍼티, 나무퍼티, 고무퍼티

29. 대형의 판유리를 멀리온 없이 유리만으로 세우는 공법으로 유리 상단을 금속 클램프로 매달고 접합부는 리브유리(stiffener)로 연결하여 개구부를 만들 수 있으며 유리 사이의 연결은 실런트로 메워 누름한다.

30. 접합유리, 강화유리, 망입유리

31. ① 강화   ② 부식

32. ① 풍소란 : 창호가 닫혔을 때 각종 선대 등 접하는 부분에 틈새가 나지 않도록 대어 주는 것
    ② 마중대 : 미닫이, 여닫이 창호의 상호 맞댐면

33. ① 접합유리   ② 자외선 차단유리   ③ 망입유리

34. 가) LOW-e 유리 : 가시광선은 통과시키고 적외선을 반사하여 단열성능을 높인 특수유리이다.
    나) 접합유리 : 2장 이상의 판유리 사이에 폴리비닐을 넣어 고열로 접합한 유리. 파손 시 파편이 떨어지지 않는 안전유리의 일종이다.

35. ① 2장 이상의 유리판 사이에 합성수지를 끼워 붙여 강도가 크다.
    ② 방탄효과가 있고 충격에 의한 파손 시 파편의 산란이 없어 안전하다.
    ③ 합성수지와 유리를 여러 겹 붙이므로 다소 무겁다.

36. 가 → ⑦, 나 → ⑥, 다 → ③

**37.** ① 적외선을 반사시켜 단열성능을 높인 LOW-e 유리를 사용하여 열손실을 줄인다.
② 두 장의 유리 사이에 건조공기를 넣어 밀봉시킨 복층유리로 열손실을 줄인다.

**38.** ① 비중이 철재의 1/3로 경량이다.
② 녹슬지 않고 사용연한이 길다.
③ 가공이 용이하다.
④ 열고 닫음이 경쾌하다.

**39.** ① 양면을 유리칼로 자르고 필름은 면도칼로 자른다.
② 유리는 유리칼로 자르고 꺾기를 반복하여 철망을 절단한다.

**40.** 강화유리, 복층유리

**41.**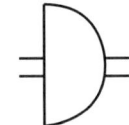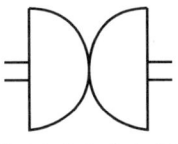

① 외여닫이문  ② 쌍여닫이문  ③ 외여닫이자재문  ④ 쌍여닫이자재문

**42.** ① 강화  ② 에칭(부식)

**43.** 주성분이 불포화 폴리에스테르인 퍼티로 후도막성이 좋아서 금속표면 도장의 바탕 퍼티작업에 쓰인다. 시공성이 좋고 건조가 빠르며 기포가 거의 없다.

**44.** ① 열파손 원인 : 태양광선 등에 의해 열을 받으면 유리의 중앙부는 팽창하지만 단부는 인장응력을 받고 신축상태를 유지하므로 파손이 일어난다.
② 열파손 특징 : 유리 종류의 경우 열의 흡수가 많은 색유리에서 주로 발생한다. 시기의 경우 실내외 온도차가 큰 겨울철에 많이 일어난다.

# 제8장 도장공사

## 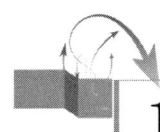 1. 일반사항

### 1) 도장의 목적
① 방습, 방청 등으로 인한 내구성 향상
② 색채, 무늬, 광택 등의 미적 효과
③ 전기 절연성, 내수성, 방음성, 방사선 차단 등의 특수 성능 부여

### 2) 도료 선택 시 주의사항
① 도장하고자 하는 물체의 사용목적
② 표면의 재료
③ 도장 시 기후조건
④ 경제성

### 3) 도료 보관상의 주의사항
① 직사광선이 들지 않게 보관
② 환기가 잘 되는 곳에 보관
③ 화기로부터 먼 곳에 보관
④ 밀폐된 용기에 보관
⑤ 도장 시공 시 사용한 걸레는 한적한 곳에서 소각처리

### 4) 도장재료의 종류
① 수성페인트
② 유성페인트
③ 바니시
④ 합성수지계 도료
⑤ 방부, 녹막이칠

## 2. 수성페인트

### 1) 재료
① 안료
② 교착제(카세인, 아라비아고무, 아교)
③ 물

### 2) 특징
① 건조가 빠르다.
② 물을 용제로 사용하므로 경제적이며 공해가 없다.
③ 알칼리성 재료에 도포가 가능하다.
④ 도포방법이 간단하며 보관의 제약이 간단하다.

### 3) 종류
① 유기질 수성페인트 : 습기 없는 곳에서만 사용
② 무기질 수성페인트 : 마그네시아 시멘트, 백시멘트를 교착제로 사용. 실내외 모두 사용
③ 에멀젼 페인트 : 수성페인트에 합성수지와 유화제를 섞어 만든 것

## 3. 유성페인트

### 1) 재료

| 재료 | 내용 | 종류 |
|---|---|---|
| 안료 | 도료에 색채를 나타냄 | • 백색 - 아연화(亞鉛華)<br>• 적색 - 연단(鉛丹), 산화제이철<br>• 황색 - 아연노랑(亞鉛黃)<br>• 청색 - 코발트청 |
| 기름(용제 油) | 광택과 피막의 강도 증대 | • 아마유　　• 오동유<br>• 들기름　　• 삼씨기름<br>• 콩기름 |

| | | |
|---|---|---|
| 희석제 | 점도 유지와 작업성 증가 | • 송진건류품 - 테레핀유<br>• 석유건류품 - 휘발유, 벤진, 석유<br>• 콜타르 증류품 - 벤졸, 솔벤트<br>• 알코올 - 에틸알코올, 메틸알코올<br>• 에스테르 - 초산아밀, 초산부틸<br>• 송근 건류품 - 송근유 |
| 건조제 | 기름(용제)의 건조를 촉진 | 리사지(litharge), 연단(鉛丹), 수산화망간 붕산망간, 염화코발트 |

## 2) 분류(반죽 정도에 따른 분류)

① 된반죽 페인트(stiff pasted paint)

② 중반죽 페인트(semipasted paint)

③ 조합 페인트(readymixed paint)

## 3) 특징

① 건조가 늦고 알칼리에 약하다.

② 철재, 목재의 도장에 쓰인다.

# 4. 바니시

## 1) 개요

① 천연수지, 합성수지 또는 역청질 등을 건성유와 같이 열반응시켜 건조제를 넣고 용제에 녹인 것을 말한다.

② 분류

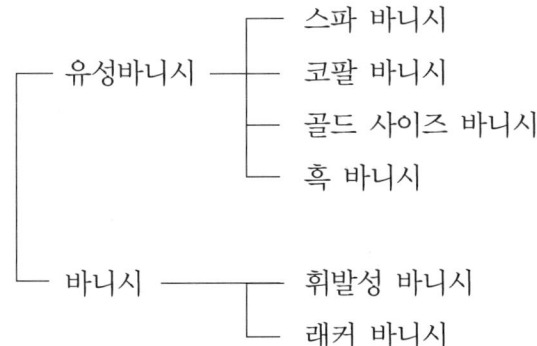

## 2) 유성바니시

① 재료 : 수지, 건성유, 희석제
② 유성바니시는 유성페인트보다 건조가 약간 빠른 편이고, 광택이 있고 투명하고 단단한 도막을 만드나 내후성이 적어 실내 목재 표면에 많이 이용된다.
③ 내화학성이 나쁘고 시간이 지나면 누렇게 변색하는 단점이 있다.
④ 종류

| 종류 | 특징 |
|---|---|
| 스파 바니시 (spar varnish) | 내수성, 내마모성이 우수하여 목부 외부용으로 많이 사용한다. |
| 코팔 바니시 (copal varnish) | 건조가 빠르고, 목부 내부용으로 사용한다. |
| 골드 사이즈 바니시 (gold size varnish) | 건조가 빠르고, 연마성이 좋다. |
| 흑바니시 (black varnish) | 미관상 관계없는 곳의 방청, 내수, 내약품용 등으로 쓰인다. |

## 3) 래커

① 클리어 래커
- 유성바니시에 비하여 도막이 얇고 견고하다.
- 담갈색 빛으로 시공 후에는 우아한 광택이 있다.
- 내수성, 내후성이 다소 부족하여 실내용으로 주로 사용된다.
- 목재면의 무늬를 살리기 위한 도장재료로 적당하다.
- 빨리 건조되므로 스프레이를 사용하여 시공하는 것이 좋다.

② 에나멜 래커
- 유성 에나멜 페인트에 비하여 도막은 얇으나 견고하고 기계적 성질도 우수하다.
- 닦으면 광택이 나지만 불투명 도료이다.

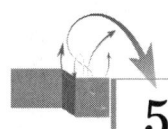
## 5. 합성수지 도장재료

### 1) 재료
① 용제형과 무용제형 : 합성수지+용제+안료
② 에멀젼형 : 합성수지+중화제+안료

### 2) 특징
① 도막이 단단하다.
② 건조가 빠르다.
③ 내마모성이 있다.
④ 내산, 내알칼리성이 있다.

### 3) 종류
① 요소수지 도료
② 멜라민수지 도료
③ 비닐계수지 도료
④ 프탈산수지 도료
⑤ 석탄산수지 도료

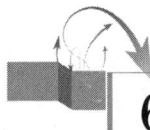
## 6. 특수도장

### 1) 녹막이칠
① 광명단 : 철골, 철판의 녹막이칠에 사용
② 징크로메이트 도료 : 알루미늄이나 아연철판의 녹막이칠에 사용
③ 알루미늄 도료 : 알루미늄 분말을 안료로 하는 것으로 내열성, 열반사 효과를 필요로 하는 곳에 사용
④ 아연분말 도료
⑤ 산화철 녹막이 도료
⑥ 역청질 도료

### 2) 방화도장
① 종류 : 규산소다 도료, 붕산카세인 도료, 합성수지 도료
② 용도 : 건축의 내화 도료 외에 차량용 및 선박용 도료로 사용

### 3) 콤비네이션 칠
색채의 콤비네이션을 도모한 마무리로서 단색 정벌칠을 한 그 위에 솔칠 또는 문지름으로써 빛깔이 다른 무늬를 돋혀 마무리한 것이다.

### 4) 색올림(stain : 착색제)
① 특징
- 작업이 용이하다.
- 색을 자유롭게, 선명하게 할 수 있다.
- 표면을 보호하여 내구성을 증대시킨다.
- 색올림이 표면으로부터 분리되지 않도록 주의한다.

② 종류
- 수성 스테인 : 작업성이 우수하며 색상이 선명하지만 건조가 늦다.
- 유성 스테인 : 작업성이 우수하고 건조가 빠르지만 얼룩이 생길 우려가 있다.
- 알코올 스테인 : 퍼짐이 우수하고, 색상이 선명하며 건조가 빠르다.

### 5) 본타일 붙이기
① 퍼티 형태의 중도제(백시멘트, 석분, 혼합재)를 뿜칠하여 입체적인 무늬를 타일처럼 연속적으로 만들고 지정된 색으로 도장하는 공법
② 요철 무늬로 입체감을 부여하고 방음효과가 있다.
③ 물청소가 가능하지만 먼지가 낄 수 있고 박리를 주의해야 한다.
④ 작업단계
  ㉠ 바탕처리 : 바탕면의 양생, 수분, 요철 상태 등을 도장에 적합하도록 처리한다.
  ㉡ 초벌(하도) : 바탕처리한 면에 롤러나 스프레이로 하도재를 바른다.
  ㉢ 재벌(중도) : 본타일을 지정비율로 희석하고 정해진 크기에 맞춰 입자가 고르게 퍼지도록 1회 도장한다. 필요에 따라 표면누르기나 연마를 한다.
  ㉣ 정벌 1회(상도 1) : 중도 24시간 경과 후 주제와 경화제를 섞은 마감재를 도장한다.
  ㉤ 정벌 2회(상도 2) : 상도 1회 24시간 경과 후 표면 마감재를 재도장한다.

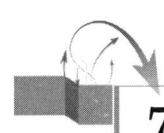
## 7. 칠 공법

| 종류 | 도구 | 특징 |
|---|---|---|
| 솔칠 | 솔 | 가장 일반적인 공법이며 건조가 빠른 래커 등에는 부적합하다. |
| 롤러칠 | 롤러 | 천장이나 벽면처럼 평활하고 넓은 면을 칠할 때 작업시간이 타 공법에 비해 짧다. |
| 문지름칠 | 솜, 헝겊 | 면이 고르고 광택이나 특수효과를 내기 위해 사용 |
| 뿜칠 | 스프레이 건 콤프레셔 | • 래커 등 속건성 도료의 시공에 적당하다.<br>• 시공 시 주의사항<br>  a. 스프레이 건의 위치는 면에 직각이 되도록 평행이동시켜 운행<br>  b. 뿜칠거리는 약 30cm가 적당하다.<br>  c. 운행 시 약 1/3씩 겹쳐서 바르도록 한다. |

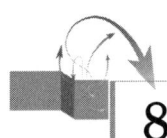
## 8. 각종 바탕만들기

### 1) 개요

도료가 바탕에 부착을 저해하거나 부풀음, 터짐, 벗겨지는 원인이 될 수 있는 요소는 유분, 수분, 진, 금속녹 등이 있는데 이런 것을 사전에 제거해야 한다.

### 2) 목부 바탕처리 순서

① 오염, 부착물 제거
② 송진 처리(긁어내기, 휘발유 닦기)
③ 연마지 닦기
④ 옹이땜(셸락니스 칠)
⑤ 구멍땜(퍼티먹임)

### 3) 철부 바탕처리

① 오염, 부착물 제거
② 유류 제거(휘발유, 비눗물 닦기)
③ 녹 제거(샌드블라스트, 와이어 브러시)

④ 화학처리

㉠ 탈지법 : 솔벤트, 나프타 등의 용제로 그리스, 기타 이물질을 제거하는 방법

㉡ 세정법 : 산성 용액에 재료를 침적하여 금속표면의 녹과 흑피를 제거하는 방법

㉢ 피막법 : 인산염피막을 만들어 발청을 억제시키고 도료의 밀착성을 좋게 만드는 방법

⑤ 피막 마무리(연마지 닦기)

4) 콘크리트, 모르타르 등의 바탕처리

① 건조
② 오염, 부착물 제거
③ 구멍땜(석고)
④ 연마지 닦기

# 9. 칠하기 순서

## 1) 수성페인트 칠하기 순서

바탕처리 → 초벌 → 연마지 닦기 → 정벌칠

## 2) 유성페인트 칠하기 순서

① 목부바탕

바탕처리 → 연마지 닦기 → 초벌 → 퍼티먹임 → 연마지 닦기 → 재벌 1회 → 연마지 닦기 → 재벌 2회 → 연마지 닦기 → 정벌칠

② 철부바탕

바탕처리 → 녹막이칠 → 연마지 닦기 → 구멍땜 및 퍼티먹임 → 재벌 → 정벌칠

## 3) 바니시 칠하기 순서

① 일반 순서

바탕처리 → 눈먹임 → 색올림 → 왁스 문지름

② 목재면 외부 공정 순서

바탕처리 → 눈먹임 → 초벌착색 → 연마지 닦기 → 정벌착색 → 왁스 문지름

## 10. 기타 주요사항

### 1) 도장 작업 시 주의사항

① 우천 시, 습도 80% 이상, 기온 5℃ 이하, 강풍 시에는 도장을 중지한다.
② 도료보관 창고는 화기를 절대 금한다.
③ 직사광선을 피하고 환기가 되어야 한다.

### 2) 스티플 칠

표면에 자잘한 요철 모양이나 질감을 내도록 하는 도장 마감

### 3) 시딩(seeding) 현상

도료의 저장 중 온도의 상승 및 저하의 반복 작용에 의해 도료 내에 작은 결정이 무수히 발생하여 도장 시 도막에 좁쌀모양이 생기는 현상이다.

### 4) 도장 적산

① 목재면(양면칠 기준이며 기본 적산문제에서 다음 중 최대값으로 한다.)
  - 양판문 : 안목면적 3~4배
  - 유리양판문, 오르내리창 : 안목면적 2.5~3배
  - 플러시문 : 안목면적 2.7~3배
  - 미서기창 : 안목면적 1.1~1.7배

② 철재면(양면칠 기준이며 기본 적산문제에서 다음 중 최대값으로 한다.)
  - 철문 : 안목면적 2.4~2.6배
  - 새시 : 안목면적 1.6~2배
  - 셔터 : 안목면적 2.6배

③ 징두리판벽, 두겁대, 걸레받이 : 바탕면적 1.5~2.5배
④ 비늘판벽 : 표면적의 1.2배

# 기출 및 예상문제

1. 도장의 목적 3가지를 쓰시오.

   ①
   ②
   ③

2. 스티플 칠에 대하여 간단히 설명하시오.(기사 94-7, 96-5, 11-11, 18-11)

3. 도장공사에서 도료의 선택상 고려해야 할 사항을 3가지만 열거하시오.(산업 94-7, 96-9, 01-11)

   ①
   ②
   ③

4. 페인트 보관상 주의사항 4가지를 기술하시오.(산업 98-10)

   ①
   ②
   ③
   ④

5. 수성도료의 장점 4가지만 기술하시오.(산업 97-9, 기사 94-10, 96-5, 97-11)

   ①
   ②
   ③
   ④

**6.** 도장공사에 쓰이는 스프레이 건 사용 시 주의사항 3가지를 쓰시오.(산업 01-7, 기사 11-5, 16-11, 17-4)

① _____
② _____
③ _____

**7.** 건축에서 일반적인 도장방법을 4가지 쓰시오.(산업 93-7, 98-7, 99-11)

① _____
② _____
③ _____
④ _____

**8.** 도장공사 시 사용되는 도구를 4가지 쓰시오.(기사 97-11)

① _____
② _____
③ _____
④ _____

**9.** 유성페인트는 ( ① ), 건성유 및 ( ② ), ( ③ )를 조합해서 만든 페인트이다. 괄호 안을 채우시오.(기사 92-9)

**10.** 유성페인트의 원료 중 희석제(신전제)의 목적에 대하여 간단히 쓰시오.(산업 97-6)

**11.** 도료 재료 중 용제를 3가지만 쓰시오.(산업 96-5)

① _____
② _____
③ _____

**12.** 휘발성 용제의 종류를 3가지 쓰시오.(산업 94-10, 00-6, 기사 96-9)

① _____
② _____
③ _____

**13.** 바니시에 대한 설명이다. 괄호 안을 채우시오.(기사 98-7)

> 바니시에 천연수지와 ( ① )를 섞어 투명 담백한 막으로 되고 기름이 산화되어 ( ② ) 바니시, ( ③ ), ( ④ ) 바니시로 나뉜다.

**14.** 유성페인트는 안료, 건성유, 희석제, 건조제를 조합한 것이다. 다음 보기 중 건조제가 아닌 것을 고르시오.(산업 97-11)

> 〈보기〉 ① 오동유   ② 연단   ③ 염화코발트
>         ④ 벤젠    ⑤ 솔벤트  ⑥ 아마유

**15.** 유성페인트의 종류를 구별하는 내용이다. ( ) 안에 알맞은 말을 쓰시오.(기사 95-10)

> 유성페인트는 그 섞는 재료에 따라 ( ① )페인트, ( ② )페인트, ( ③ )페인트로 나누어진다.

**16.** 합성수지 도료가 유성페인트에 비해 장점인 것을 보기에서 4개 찾으시오.(기사 93-7, 99-7,11)

> 〈보기〉 ① 도막이 단단하다.      ② 방화성 도료이다.
>         ③ 형광도료의 일종이다.  ④ 건조가 빠르다.
>         ⑤ 내마모성이 있다.      ⑥ 내산, 내알칼리성이 있다.

**17.** 다음 도료들이 해당하는 항목을 보기에서 골라 번호를 쓰시오.(산업 93-10)

> 〈보기〉 ① 수지계 도료  ② 합성수지도료  ③ 고무계도료
> ④ 유성도료  ⑤ 수성도료  ⑥ 섬유계도료

가) 셸락바니시 :  　　　　나) 페놀수지 도료, 멜라민수지 도료 :

다) 염화고무 도료 :  　　　라) 건성유, 조합페인트, 알루미늄 도료 :

마) 셀룰로오스, 래커 :

**18.** 바니시 칠의 종류 3가지를 쓰시오.(기사 99-11)

① _____
② _____
③ _____

**19.** 철재 녹막이칠에 쓰이는 도료를 5가지 쓰시오.(산업 96-5, 7, 99-5, 00-11, 10-9, 11-7, 14-7, 15-7, 16-6, 기사 96-9)

① _____
② _____
③ _____
④ _____
⑤ _____

**20.** 다음은 도장공사에 사용되는 재료이다. 녹방지를 위한 녹막이 도료를 모두 고르시오. (기사 12-4, 16-6)

> ① 광명단　　　　② 아연분말 도료
> ③ 에나멜 도료　　④ 멜라민수지 도료

**21.** 도장공사 시 스테인칠의 장점을 3가지 기술하시오.(기사 01-4)

① _____
② _____
③ _____

**22.** 도료가 바탕에 부착을 저해하거나 부풀음, 터짐, 벗겨지는 원인이 될 수 있는 요소 4가지를 쓰시오.(산업 92-9)

① _____
② _____
③ _____
④ _____

**23.** 목부만들기 공정순서를 보기에서 순서대로 나열하시오.(산업 95-10, 98-5)

〈보기〉 ① 송진의 처리    ② 옹이땜
　　　　③ 오염, 부착물의 제거    ④ 연마지 닦기
　　　　⑤ 구멍땜

**24.** 철재 녹막이칠의 공정순서이다. 보기에서 골라 시공순서를 나열하시오.(산업 99-5, 01-7)

〈보기〉 ① 정벌칠    ② 녹막이칠    ③ 구멍땜 및 퍼티먹임
　　　　④ 바탕처리    ⑤ 연마지 닦기    ⑥ 재벌

**25.** 다음은 수성페인트의 시공순서이다. ( ) 안에 알맞은 공정을 쓰시오.(산업 99-5, 01-7, 기사 13-4)

바탕만들기 → ( ① ) → 초벌 → ( ② ) → ( ③ )

**26.** 수성페인트칠의 공정순서를 순서에 맞게 번호로 나열하시오.(산업 11-10, 15-10, 기사 17-11)

> ① 초벌칠  ② 페이퍼문지름  ③ 정벌칠
> ④ 바탕누름  ⑤ 바탕만들기

**27.** 목재면 바니시칠 공정의 작업순서를 보기에서 골라 기호로 쓰시오.(산업 94-7, 96-5, 97-4, 99-3, 00-6, 01-11, 10-9, 11-7, 14-10, 기사 10-10, 15-4, 16-11)

> 〈보기〉 ① 색올림  ② 왁스문지름
>        ③ 바탕처리  ④ 눈먹임

**28.** 외부 바니시칠의 공정순서를 나열하였다. 빈칸에 들어갈 공정을 쓰시오.(산업 99-11, 기사 99-5, 00-11, 17-4)

> 바탕손질 → ( ① ) → 초벌착색 → ( ② ) → ( ③ ) → ( ④ )

**29.** 다음은 비닐페인트 시공과정을 기술한 것이다. 시공순서에 맞게 번호를 바르게 나열하시오.(기사 12-4, 15-4)

> ① 이음매 부분에 대한 조인트 테이프를 붙인다.
> ② 샌딩작업을 한다.
> ③ 석고보드에 대한 면정화(표면정리 및 이어붙임)를 한다.
> ④ 조인트 테이프 위에 퍼티작업을 한다.
> ⑤ 비닐페인트를 도장한다.

**30.** 철재면 도장공사 시 금속표면의 오염물질을 제거할 때 사용되는 도구와 용제를 각각 2가지씩 쓰시오.(산업 11-4)

① _____
② _____

**31.** 방화도장의 종류를 3가지만 쓰시오.(산업 94-5, 기사 96-5, 00-9)

① _____
② _____
③ _____

**32.** 금속재의 도장 바탕처리 방법 중 화학적 방법을 3가지 쓰시오.(기사 12-10, 17-6, 17-11)

① _____
② _____
③ _____

**33.** 도장재의 원료 중 안료의 조건 4가지를 쓰시오.(기사 12-7)

① _____
② _____
③ _____
④ _____

**34.** 유성페인트의 구성제 중 건조제 3가지를 쓰시오.(기사 11-5)

① _____
② _____
③ _____

**35.** 도장공사에서 기능성 도장에 대해 설명하시오.(산업 10-7)

**36.** 문틀이 복잡한 양판문의 규격이 900mm×2,100mm이다. 전체 칠 면적을 산출하시오. (단, 문 매수는 20개이며 칠배수는 4배)(산업 12-4, 15-7)

**37.** 문틀이 복잡한 플러시문의 규격이 0.9m×2.1m이다. 양면을 모두 칠할 때 전체 칠 면적을 산출하시오.(단, 문 매수는 20개이며, 문틀 및 문선을 포함한다.)(기사 11-7)

**38.** 900mm×2,100mm의 양판문에 대한 전체 칠 면적을 산출하시오.(단, 문 매수는 40개이며 간단한 구조의 양면칠이다.)(기사 13-11)

**39.** 다음은 도장공사에 관한 설명이다. O, X로 구분하시오.(기사 14-7)

> ① 도료의 배합비율 및 시너의 희석비율은 부피로 표시한다.
> ② 도장의 표준량은 평평한 면의 단위면적에 도장재료의 양이고 실재의 사용량은 도장하는 바탕면의 상태 및 도장재료의 손실 등을 참작하여 여분을 생각해두어야 한다.
> ③ 롤러 도장은 붓 도장보다 도장속도가 빠르다. 그러나 붓 도장 같이 일정한 도막두께를 유지하기가 매우 어려우므로 표면이 거칠거나 불규칙한 부분에는 특히 주의를 요한다.

**40.** 도장공사 중 본타일 붙이기를 5단계로 서술하시오. (기사 18-4)

① _____
② _____
③ _____
④ _____
⑤ _____

**41.** 미장공사 중 셀프 레벨링(self leveling)재에 대해 설명하시오. (기사 18-4)

**42.** 다음에서 설명하는 도장재료를 쓰시오. (기사 18-6)

① 안료, 건성유, 희석제, 건조제를 조합해서 만든 도료

② 철재 등의 표면에 녹슬지 않게 칠하는 도료

③ 천연수지와 휘발성용제를 섞은 것으로 밑바탕이 보이는 투명한 도료. 천연수지, 오일, 합성수지 등이 있다.

제8장 도장공사

## 해 답

1. ① 방습, 방청 등으로 인한 내구성 향상
   ② 색채, 무늬, 광택 등의 미적 효과
   ③ 전기 절연성, 내수성, 방음성, 방사선 차단 등의 특수 성능 부여

2. 도료의 묽기를 이용, 각종 기구로 표면에 자잘한 요철 모양이나 질감을 내도록 하여 입체감을 내는 특수도장 마감법

3. ① 도장하고자 하는 물체의 사용목적
   ② 표면의 재료
   ③ 도장 시 기후조건
   ④ 경제성

4. ① 직사광선이 들지 않게 보관할 것
   ② 환기가 잘 되는 곳에 보관할 것
   ③ 화기로부터 먼 곳에 보관할 것
   ④ 밀폐된 용기에 보관할 것

5. ① 건조가 빠르다.
   ② 물을 용제로 사용하므로 경제적이며 공해가 없다.
   ③ 알칼리성 재료에 도포가 가능하다.
   ④ 도포방법이 간단하며 보관의 제약이 간단하다.

6. ① 스프레이 건의 위치는 면에 직각이 되도록 평행이동시켜 운행한다.
   ② 뿜칠거리는 약 30cm 띄워서 뿜칠한다.
   ③ 운행 시 약 1/3씩 겹쳐서 바르도록 한다.
   ④ 끊김이 없이 연속작업을 한다.

7. 솔칠, 뿜칠, 롤러칠, 문지름칠

8. 솔, 롤러, 스프레이, 헝겊

9. ① 안료   ② 희석제   ③ 건조제

10. 농도를 묽게 하여 솔칠을 좋게 하며 교착이 잘 되게 한다.

11. 아마유, 오동유, 들기름

12. 송진 건류품(테레빈유), 석유 건류품(휘발유), 콜타르 증류품(벤졸)

13. ① 휘발성 용제   ② 휘발성   ③ 기름   ④ 래커

14. ①, ④, ⑤, ⑥

**15.** ① 된반죽  ② 중반죽  ③ 조합

**16.** ①, ④, ⑤, ⑥

**17.** 가)-①, 나)-②, 다)-③, 라)-④, 마)-⑥

**18.** ① 휘발성 바니시
② 기름 바니시
③ 래커

**19.** ① 광명단
② 역청질 도료
③ 알루미늄 도료
④ 아연분말 도료
⑤ 징크로메이트

**20.** ①, ②

**21.** ① 작업이 용이하며 색을 자유롭게, 선명하게 할 수 있다.
② 표면을 보호하여 내구성을 증대시킨다.
③ 색올림이 표면으로부터 분리되지 않도록 주의한다.

**22.** 유분, 수분, 진, 금속녹

**23.** ③ → ① → ④ → ② → ⑤

**24.** ④ → ② → ⑤ → ③ → ⑥ → ①

**25.** ① 바탕누름  ② 연마지 닦기  ③ 정벌칠

**26.** ⑤ → ④ → ① → ② → ③

**27.** ③ → ④ → ① → ②

**28.** ① 눈먹임  ② 연마지 닦기  ③ 정벌착색  ④ 왁스문지름

**29.** ③ → ① → ④ → ② → ⑤

**30.** 도구 : 와이어브러시, 사포
용제 : 솔벤트, 나프타

**31.** 규산소다 도료, 붕산카세인 도료, 합성수지 도료

**32.** 탈지법, 세정법, 피막법

**33.** 내후성, 내광성, 내약품성, 은폐성

**34.** 리사지, 연단, 수산화망간, 염화코발트, 연망간(택 3)

**35.** 건축재료의 표면에 도포하여 미관 향상 및 부식에 대한 보호와 내구성을 향상시키기 위한 목적의 도장

**36.** 0.9m×2.1m×20×4=151.2m²

**37.** 0.9m×2.1m×20×3=113.4m²

**38.** 0.9m×2.1m×40개×3배=226.8m²
※ 양판문의 칠면적은 안목면적의 3~4배로 하되 간단한 구조는 3배, 복잡한 구조는 4배로 계산한다.

**39.** ① X (중량비로 표시)　② O　③ O

**40.** ① 바탕처리 : 바탕면의 양생, 수분, 요철 상태 등을 도장에 적합하도록 처리한다.
② 초벌 1회(하도) : 롤러나 스프레이로 하도재를 바른다.
③ 재벌 1회(중도) : 정해진 무늬에 맞는 노즐 구경과 압력을 정하여 입자가 고르게 퍼지도록 1회 도장한다.
④ 정벌 1회(상도 1) : 중도 24시간 경과 후 주제와 경화제를 섞은 마감재를 도장한다.
⑤ 정벌 2회(상도 2) : 상도 1회 24시간 경과 후 표면 마감재를 재도장한다.

**41.** 자체 유동성이 있어서 평탄하게 되는 성질을 이용하여 바닥마름질 공사 등에 사용하는 재료이다. 시공 시 표면에 물결무늬가 생기지 않도록 창문 등을 밀폐하여 통풍과 기류를 차단하며, 시공 중 또는 완료 후 기온이 5℃ 이하로 내려가지 않도록 한다.

**42.** ① 유성페인트　② 녹막이칠　③ 바니쉬

# 제9장 합성수지공사

## 1. 일반사항

### 1) 개요

합성수지란 천연수지, 석탄, 석유, 섬유소 등의 원료를 인공적으로 합성시켜서 만든 고분자 화합물로서 일정한 온도 범위 안에서 여러 가지 형상을 만들기 쉬운 가소성이 있어서 플라스틱으로 총칭하기도 한다.

### 2) 특성

① 장점
- 우수한 가공성으로 성형, 가공이 쉽다.
- 내구성, 내수성, 내식성, 내충격성이 강하다.
- 경량이고 착색이 용이하며 비강도가 크다.
- 접착성 및 전기 절연성이 있다.

② 단점
- 열에 의한 팽창 및 수축이 크다.
- 내마모성과 표면강도가 약하다.
- 내열성, 내후성이 약하다.
- 압축강도 이외의 강도, 탄성계수가 작다.

### 3) 성형방법

① 압축성형
② 압출성형
③ 사출성형
④ 주조성형
⑤ 압송성형

### 4) 건축용 플라스틱 제품의 형상별 분류

| 구 분 | 종 별 | 용 도 |
|---|---|---|
| 단판(單板) | 필름, 레저 타일, 시트판재 | 커튼, 스크린, 방수필름, 바닥, 벽용 타일, 시트 |
| 적층판(積層板) | 보통적층판, 합판, 적층금속판 샌드위치판 | 카운터, 바닥 벽 시트, 지붕재 경량벽판, 문, 가구 |
| 성형품 | 소형 성형품, 대형 성형품 관, 봉 성형품 | 식기, 가구, 전기기구, 지붕판 목욕조, 변기, 급배수관, 줄눈대 |
| 주조품 | 보통주조품, 다공질 주조품 | 채광판, 보온단열재, 흡음재 |
| 액식 호 상품 | 접착제, 도료, 도장재 | 건축용, 각종 도장, 접착제 |

### 5) 합성수지 재료의 현장 적용 시 고려사항

① 시공온도

| 종 류 | | 시공온도의 한계 |
|---|---|---|
| 열가소성 수지 | | 50℃(단시간 60℃) 이상 |
| 열경화성 수지 | 경화 폴리에스테르, 요소수지 | 80℃(단시간 100℃) 이상 |
| | 페놀, 멜라민 수지 | 100℃(단시간 120℃) 이상 |

② 열가소성 플라스틱 재료들은 열팽창계수가 크므로 경질판의 정착에 있어서는 열에 의한 팽창 및 수축여유를 고려해야 한다.
　　ex) 아크릴, 폴리에틸렌 평판은 10℃의 온도차에 대해서 1m마다 1~1.5mm, 비닐평판에서는 0.7~0.8mm의 신축여유를 두는 것을 표준으로 한다.
③ 마감부분에 사용하는 경우, 표면의 흠, 얼룩 변형이 생기지 않도록 하고 필요에 따라 종이, 천 등으로 보호하여 양생한다.
④ 양생 후, 부드러운 헝겊에 물, 비눗물 및 휘발유 등을 적셔서 청소한다.
⑤ 열가소성 평판의 곡면가공은 반지름을 판 두께의 300배 이내로 하고, 휠 때에는 가열온도(110~130℃)를 준수한다.

## 2. 열가소성 수지

### 1) 특징

① 자유로운 형상으로 성형이 가능하고 강도 및 연화점이 낮다.
② 유기용제에 녹고 2차 성형도 가능하다.

### 2) 종류

| 종류 | 성질 | 용도 |
|---|---|---|
| 아크릴수지 | • 투명성, 내후성, 내화학성이 우수하다.<br>• 착색이 자유롭고 열팽창성이 크다. | 채광판, 유리대용품 |
| 염화비닐수지 | • 전기절연성, 내약품성이 양호하다.<br>• 내수성이 크고 유기용제에 잘 안 녹는다. | 바닥용 타일, 시트, 판재, 파이프 도료, 접착제 |
| 폴리에틸렌수지 | • 내약품성, 내수성, 전기절연성이 좋다.<br>• 상온에서 유연성이 크고 내충격성이 크다. | 방수필름, 방습시트, 전선피복 일용잡화(도료로는 사용 곤란) |
| 폴리스티렌수지 | • 내수성, 내화학성, 전기절연성이 양호하며 무색투명하고 가공성이 우수하다. | 스티로폼의 주원료<br>벽타일, 천장재, 도료, 전기용품 |
| 폴리프로필렌수지 | • 인장강도, 내열성, 전기적 성능이 좋다.<br>• 내화학성, 광택, 투명도 등이 우수하다. | 섬유제품, 필름, 화학 장치 의료기구, 기계공업 정밀부품 |
| 초산비닐수지 | • 무색투명, 접착성이 양호 | 도료, 접착제, 비닐론 원료 |
| 불소수지 | • 만능수지라 불리며 내약품성, 내마찰성, 전기절연성이 우수하지만 접착성은 낮다. | 강판, 알루미늄 피복재 |

## 3. 열경화성 수지

### 1) 특징
① 강도 및 열 경화점이 높다.
② 내후성이 좋고 고가이며 성형성은 부족하다.

### 2) 종류

| 종류 | | 성질 | 용도 |
| --- | --- | --- | --- |
| 페놀수지 | | • 전기절연성, 내산성, 내열성, 내수성 양호<br>• 내알칼리성이 약하다. | 전기, 통신선 절연재, 피복재,<br>1급 내수합판 접착제 |
| 요소수지 | | • 무색으로 착색이 자유롭고 내수성이 좋다.<br>• 약산, 약알칼리에 견디며 강도, 전기적 성질, 내열성은 페놀보다 약간 떨어진다. | 내수합판 접착제<br>완구, 장식품 등의 일용잡화 |
| 멜라민수지 | | • 요소수지와 유사하나 좀 더 좋은 성능을 가진 수지로 경도가 크고 내열성이 있다.<br>• 기계적 강도, 전기적 성질 및 내노화성이 우수하다. | 벽판, 천장판, 카운터, 조리대,<br>냉장고, 실험대 |
| 실리콘수지 | | • 내열성, 내한성, 내수성이 좋다.<br>• 전기절연성이 좋다 | 방수제, 개스킷, 패킹재<br>성형품, 접착제, 절연제품 |
| 에폭시수지 | | • 접착성, 내약품성, 내용제성이 좋다.<br>• 전기절연성이 좋고 산, 알칼리에 강하다. | 접착제, 도료, 방수재료<br>바닥, 천장 내외장재료 |
| 폴리우레탄수지 | | • 내노화성, 내약품성이 좋다. | 도막방수제, 보온재, 쿠션재 |
| 폴리에스테르 | 알키드수지<br>(포화) | • 내후성, 밀착성이 우수하나 내수성과 내알칼리성은 약하다. | 도장재료의 원료 |
| | F.R.P<br>(불포화) | • 강도가 우수하고 투명하다. | 차량, 항공기 등의 구조재<br>아케이드 천장, 루버, 칸막이 |

**바닥재료**
① 유지계 : 리놀륨, 리노타일
② 고무계 : 고무타일, 시트
③ 아스팔트계 : 암색계 아스팔트 타일, 명색계 쿠마론인덴수지 타일
④ 비닐수지계 : 비닐타일

## 4. 접착제

### 1) 기본적 요구 성능

① 경화 시 체적 수축 등의 변형을 일으키지 않을 것
② 취급이 용이하고 사용 시 유동성이 있을 것
③ 장기 하중에 의한 크리프가 없을 것
④ 진동, 충격의 반복에 잘 견딜 것
⑤ 내열성, 내약품성, 내수성이 있고 경제적일 것

### 2) 접착제 사용 시 주의사항

① 피착제의 표면은 습기가 없는 건조 상태로 한다.
② 용제, 희석제를 사용할 경우 과도하게 희석시키지 않도록 한다.
③ 용제성의 접착제는 도포 후 용제가 휘발한 적당한 시간에 접착시킨다.

### 3) 단백질계 접착제

① 동물성 단백질계 접착제
  - 카세인 : 우유에 함유된 단백질의 일종. 목재, 리놀륨의 접착, 수성페인트의 원료
  - 아교 : 짐승의 가죽을 삶아서 그 용액을 말린 것
  - 알부민 : 혈액의 혈장으로 만든 것으로 아교에 비하여 내수성, 접착력이 좋다.

② 식물성 단백질계 접착제
  - 대두교 : 식물성 알부민으로 탈지대두를 분말화한 것
  - 소맥단백질
  - 녹말(전분)풀

### 4) 고무계 접착제

① 아라비아고무
② 천연 고무풀
③ 클로로프렌 접착제

### 5) 합성수지계 접착제

① 요소수지 접착제
  - 가격이 저렴하다.

- 상온에서 경화하며 내수성이 다른 합성수지 접착제에 비해 부족하다.
- 합판, 집성목재, 가구, 파티클보드 등에 쓰인다.

② 페놀수지 접착제
- 접착력, 내열성, 내수성이 우수하다.
- 주로 목재 접착(1급 내수합판)에 쓰인다.

③ 멜라민수지 접착제
- 가격이 비싸서 단독으로 사용은 드물다.
- 내수성이 크고 열에 대한 안정성이 있다.
- 페놀수지와는 달리 투명, 흰색이어서 착색이 가능하다.
- 주로 목재 접착에 사용하며 유리, 금속의 접착에는 적당치 않다.

④ 에폭시수지 접착제
- 접착제 중 가장 접착력이 우수하다.
- 가열하면 접착 효과가 증대된다.
- 합성수지, 유리, 목재, 금속의 접착제

# 기출 및 예상문제

**1.** 다음 보기에서 열경화성, 열가소성 수지를 구분해서 쓰시오.(산업 95-7, 97-9, 99-9)

〈보기〉 ① 멜라민수지   ② 페놀수지   ③ 요소수지
④ 초산비닐수지   ⑤ 염화비닐수지   ⑥ 실리콘수지
⑦ 스티로폴수지

가) 열경화성 수지 :
나) 열가소성 수지 :

**2.** 다음 보기의 합성수지 재료를 열경화성 수지와 열가소성 수지로 분류하시오.
(산업 12-7, 기사 12-10)

① 아크릴   ② 염화비닐   ③ 폴리에틸렌
④ 멜라민   ⑤ 페놀   ⑥ 에폭시
⑦ 스티롤수지

가) 열경화성 수지 :
나) 열가소성 수지 :

**3.** 다음 보기의 합성수지 재료 중 열경화성 수지를 모두 골라 번호를 쓰시오.(산업 12-4, 15-10, 기사 13-11, 17-11, 18-6)

① 아크릴수지   ② 에폭시수지   ③ 멜라민수지
④ 페놀수지   ⑤ 폴리에틸렌수지   ⑥ 염화비닐수지
⑦ 요소수지

**4.** 다음 〈보기〉의 합성수지를 열가소성과 열경화성으로 구분하여 번호로 기입하시오.
(산업 16-6, 기사 14-11)

〈보기〉 ① 실리콘   ② 알키드   ③ 아크릴수지   ④ 셀룰로이드   ⑤ 프란수지
⑥ 폴리에틸렌수지   ⑦ 염화비닐수지   ⑧ 페놀수지   ⑨ 불소   ⑩ 에폭시

• 열경화성 수지 :

• 열가소성 수지 :

**5.** 플라스틱 재료의 일반적인 특성을 장점과 단점으로 나누어 2가지씩 기술하시오.
(기사 98-5, 99-11, 01-7)

가) 장점 :

나) 단점 :

**6.** 다음의 시공온도를 쓰시오.

가) 열가소성 수지

나) 경화 폴리에스테르

다) 페놀수지, 멜라민수지

**7.** 합성수지의 성형제조방법 4가지를 쓰시오.

① _____
② _____
③ _____
④ _____

**8.** 주방 싱크대 상판재로서 멜라민 수지의 장점을 설명하시오.(기사 13-7, 15-11)

**9.** 다음 비닐계 수지 바닥재와 관계가 있는 것을 보기에서 골라 쓰시오.(기사 95-7, 97-4, 00-6)

〈보기〉 ① 비닐타일　　　　　　　　② 시트
③ 명색계 쿠마론인덴수지 타일　　④ 리놀륨

가) 유지계 :　　　　　　　　나) 고무계 :

다) 아스팔트계　　　　　　　라) 비닐수지계 :

# 해 답

1. 가) ①, ②, ③, ⑥   나) ④, ⑤, ⑦

2. 가) ④, ⑤, ⑥   나) ①, ②, ③, ⑦

3. ②, ③, ④, ⑦

4. •열경화성 수지 : ①, ②, ⑤, ⑧, ⑩   •열가소성 수지 : ③, ④, ⑥, ⑦, ⑨

5. 가) 장점
    • 가공성이 우수하여 성형, 가공이 쉽다.
    • 경량이며 착색이 용이하다.
   나) 단점
    • 열에 의한 팽창, 수축이 크다.
    • 내마모성과 표면강도가 약하다.

6. 가) 50℃(단시간 60℃) 이상
   나) 80℃(단시간 100℃) 이상
   다) 100℃(단시간 120℃) 이상

7. ① 압출성형
   ② 사출성형
   ③ 압축성형
   ④ 주조성형

8. 무색 투명하여 착색이 자유롭고 내수성, 내마모성이 우수하며 120℃까지 견딜 수 있어서 주방용품으로 널리 사용된다.

9. 가) ④   나) ②   다) ③   라) ①

# 제10장 금속재료 및 내장공사

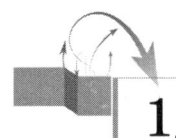

## 1. 건축재료의 분류

### 1) 일반사항

① 건축재료의 요구 성능
  ㉠ 역학적 성능 : 강도, 변형, 탄성계수, 크리프, 인성, 피로강도
  ㉡ 물리적 성능 : 비중, 경도, 수축, 열, 음, 광의 투과 및 반사
  ㉢ 내구 성능 : 산화, 변질, 풍화, 재해, 충해, 부패
  ㉣ 화학적 성능 : 산, 알칼리, 약품에 대한 변질, 부식, 용해성
  ㉤ 방화 및 내화 성능 : 연소성, 인화성, 용융성, 발연성, 유독성 가스
  ㉥ 감각적 성능 : 색채, 명도, 감촉, 오염성
  ㉦ 생산 성능 : 자원, 생산성, 공해, 가공성, 시공성, 운반, 재이용

② 재료 선정 시 요구조건
  ㉠ 재료에 요구되는 성능을 분명히 하는 것
  ㉡ 재료에 요구되는 성능에 대응하는 각 재료가 갖고 있는 성능을 분명히 하는 것
  ㉢ 재료의 성질로부터 최적재료를 합리적으로 선택하고 결정하는 방법을 정하는 것

③ 벽, 천장판에 붙이는 재료의 종류
  ㉠ 텍스
  ㉡ 합판
  ㉢ 석고보드
  ㉣ 테라코타

④ 재료에 따른 방수방법
  ㉠ 아스팔트 방수
  ㉡ 시멘트 액체방수
  ㉢ 도막방수
  ㉣ 시트방수

## 2) 단열재

① 단열재의 조건 : 열전도율이 낮고 흡수율이 적을 것. 내화성이 높고 비중이 작으며 어느 정도 기계적 강도가 있을 것
② 단열재의 구분 : 다공성 단열재, 반사형 단열재, 용량형 단열재
③ 종류

| 종 류 | 특 징 |
|---|---|
| 탄화코르크판 | 떡갈나무, 참나무 등의 껍질을 적당한 크기로 부수어 열압성형한 판재로 보온·보냉재이면서 방습효과도 있다. |
| 석면 | 사문석, 각섬석 등의 광재로 실끈, 지포 등으로 제작한 것으로 시멘트를 혼합하여 판상이나 관의 형태로 만든 것 |
| 암면 | 안산암, 현무암 등을 부수어 용융하여 고압공기로 뿜어내어 급랭시켜 섬유 상태로 만든 것으로 아스팔트 펠트를 붙인 것도 있다. |
| 광재면(slag wood) | 용광로의 광재에 수증기 또는 압축공기를 뿜어 만든 광물질 섬유로 보온, 흡음재로 사용한다. |
| 알루미늄 박(箔) | 알루미늄을 얇은 박판으로 만들어 복사열을 표면에서 반사시키며 동시에 박 사이의 공기층에 의한 열전열을 도모하는 것 |
| 스티로폼 | 폴리스티렌 수지를 발포시킨 것으로 전기절연성이 좋고 스펀지상으로 된 것은 단열재로 우수하다. |

④ 방음재

| 종 류 | 특 징 |
|---|---|
| 아코스틱 타일<br>(acoustic tile) | 연질 섬유판에 잔 구멍을 뚫어 표면칠 마무리한 판으로서 흡음 효과가 있게 만든 판 |
| 목재 루버<br>(wooden louver) | 코펜하겐 리브라고도 하며 목재면을 특수한 형태로 가공한 것. 단면이 복잡할수록 흡음성이 좋다. |
| 구멍 합판 | 뒤에 섬유판 등을 대고 표면에 구멍을 3cm 거리 간격으로 뚫은 합판을 댄 것. 텍스의 보호와 흡음성이 좋아지며 미려한 외관을 도모하는 데 유리하다. |

# 2. 금속재료

## 1) 기성제품

① 인서트 : 콘크리트 바닥판 밑에 설치하여 반자틀 등을 달 때 걸침이 되는 철물
② 익스팬션 볼트 : 콘크리트, 벽돌 등의 면에 띠장, 문틀 등의 다른 부재를 고정하고자 할 때 묻어두는 특수 볼트로 확장 볼트, 팽창 볼트라고도 한다.

③ 드라이 비트
　㉠ 콘크리트, 벽돌면 등에 특수 못(드라이브 핀)을 순간적으로 박아대는 공구
　㉡ 노동력이 경감되고 시공작업이 용이하며 공기가 단축되는 장점이 있다.

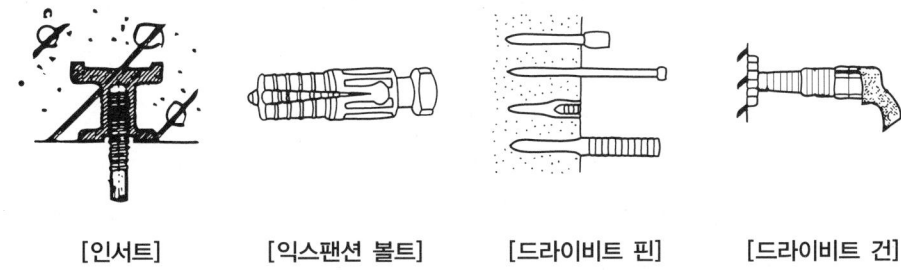

[인서트]　　　[익스팬션 볼트]　　　[드라이비트 핀]　　　[드라이비트 건]

④ 논슬립 : 계단의 디딤판 끝에 대어 미끄럼방지의 역할을 하며 계단폭 끝에서 5cm 정도 떼어 시공하기도 한다.
　• 논슬립 고정방법 – 고정매입법, 나중매입법, 접착제법
⑤ 메탈 라스(metal lath) : 박강판에 마름모꼴로 구멍을 내고 잡아당겨 그물모양으로 만든 것으로 미장바름의 바탕 등에 쓰인다.
⑥ 와이어 라스(wire lath) : 철선을 그물 모양으로 엮어 만든 철망
⑦ 와이어 메시(wire mesh) : 연강철선을 직교시켜 전기 용접한 철망
⑧ 펀칭 메탈(punching metal) : 두께 1.2mm 이하의 박강판에 여러 가지 무늬로 구멍을 뚫어 만든 것

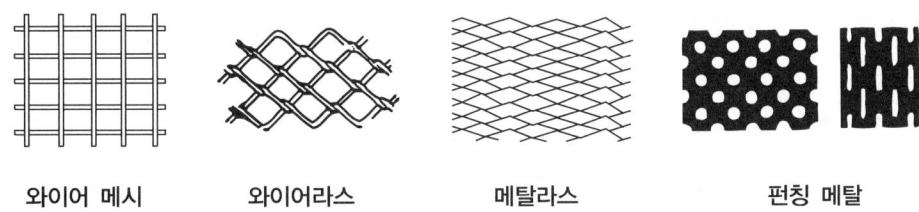

와이어 메시　　　와이어라스　　　메탈라스　　　펀칭 메탈

⑨ 조이너(joiner) : 텍스, 보드, 금속판 등의 이음새에 마감이 보기 좋도록 대어 붙이는 철물로서 알루미늄, 황동, 플라스틱 등을 재료로 한다.
⑩ 코너 비드(corner bead) : 기둥, 벽 등의 모서리를 보호하기 위하여 대는 것

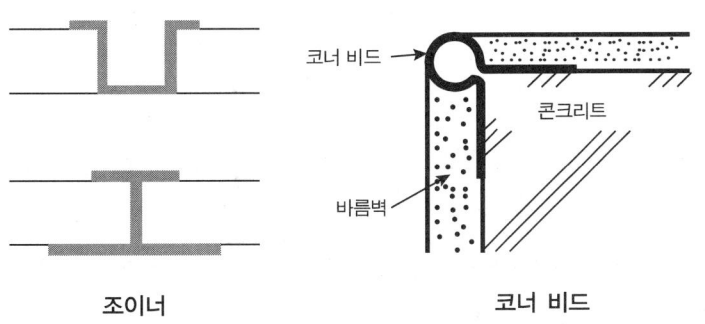

조이너　　　　　　　코너 비드

### 2) 비철금속재료

① 구리합금
- ㉠ 청동 : 구리에 주석을 4~12% 정도 혼합하여 만든 합금으로 내식성이 크고 주조성이 좋아서 조각, 장식철물, 공예재료로 쓰이며 표면은 아름다운 청록색을 띤다.
- ㉡ 황동 : 구리에 아연을 10~45% 혼합하여 만든 합금으로 내구성이 좋고 단단하며 가공성이 좋다. 주로 창호 철물로 사용된다.

② 알루미늄 : 경금속으로 은백색의 광택이 있고 알칼리에 약하다.

③ 주석 : 전성과 연성이 커서 주조성이 좋다. 녹은 슬지 않으나 알칼리에 약하다.

④ 납 : 금속 중 가장 비중이 크며 가공성 및 단조성이 풍부하다. X선을 차단한다.

⑤ 아연 : 연성 및 내식성이 양호하며 강도가 크다.

### 3) 철골내화피복

① 습식공법
- ㉠ 타설공법 : 철골구조체 주위에 거푸집을 설치하여 콘크리트를 타설하는 공법
  - 치수 제작 및 표면마감이 쉽고 구조체와 일체화되어 시공성이 좋다.
  - 공기가 길고 하중이 커진다.
- ㉡ 뿜칠공법 : 강재 주변에 접착제를 도포한 후 내화재료를 뿜칠하는 공법
  - 복잡한 형상도 시공이 가능하고 작업속도가 빠르며 비교적 저렴한 공법
  - 피복두께, 비중 등 관리가 어렵다.
- ㉢ 미장공법 : 부착력을 높이기 위해 메탈라스, 용접철망 부착 후 단열 모르타르로 미장하는 공법
  - 내화피복과 표면마무리가 동시에 완료된다.
  - 공기가 길고 기계화시공이 곤란하며 부착성, 균열, 방청에 대한 검토가 필요하다.
- ㉣ 조적공법 : 강재 표면을 블록, 벽돌쌓기 등으로 내화 피복하는 공법
  - 충격에 강하며 박리의 우려가 없다.
  - 공기가 길며 하중이 커진다.

② 건식공법
- ㉠ 내화, 단열이 우수한 경량의 성형판을 접착제나 연결철물로 부착하는 공법. 성형판 붙임공법이라고도 한다.
- ㉡ 특징
  - 공장제조판을 사용, 품질에 대한 신뢰성은 높고 부분적 보수가 용이하다.
  - 시공 시 절단 및 가공에 의한 재료손실이 크다.
  - 접합부 시공이 불량하면 결함에 의한 내화성능 저하가 우려된다.
  - 충격에 약하며 흡수성이 크다.

ⓒ 재료 : P.C판, A.L.C판, 석면시멘트판, 석면규산칼슘판, 석면성형판
ⓔ 시공 시 유의사항
- 강재면의 방청 확인 및 청소 철저
- 버팀붙임재는 내화피복판과 동일재질로 사용
- 줄눈부분의 틈 발생 방지
- 흡수성에 의한 접착력 저하 유의
- 충격에 의한 파손방지를 위해 보양처리 철저
- 접착제가 완전히 경화될 때까지 못 또는 꺾쇠로 보강

## 3. 도배공사

### 1) 벽도배

① 준비작업

ⓐ 시공 전 72시간, 시공 후 48시간 경과 시까지는 온도가 16℃ 이상 유지
(평상 시 보관온도는 4℃)

ⓑ 바탕면 건조상태(특히, 석고보드 곰팡이 발생, 미장보수 부위 미건조 등) 확인

ⓒ 녹 발생 예상부위는 방청도료 등으로 바탕처리

② 도배지의 종류

ⓐ 지사벽지 : 종이를 실처럼 꼬아서 만든 것. 종이벽지

ⓑ 비닐벽지

ⓒ 섬유벽지

ⓓ 초경벽지 : 식물의 줄기로 가닥을 만든 것. 갈포벽지

ⓔ 목질계 벽지

ⓕ 무기질 벽지

③ 시공 순서

ⓐ 3단계 시공 : 바탕처리 → 초배지 바름 → 정배지 바름

ⓑ 5단계 시공
- 바탕처리 → 초배지 바름 → 정배지 바름 → 걸레받이 → 굽도리
- 바탕처리 → 초배지 바름 → 재배지 바름 → 정배지 바름 → 굽도리

④ 벽지 선택 시 주의사항 : 장식 기능, 내오염성 기능, 내구성 기능

⑤ 풀칠 방법

ⓐ 봉투 바름 : 도배지 주위에 풀칠하여 붙이고 주름은 물을 뿜어둔다.

ⓒ 온통 바름 : 도배지 전부에 풀칠하며 순서는 중간부터 갓 둘레로 칠해 나간다.
　　　ⓒ 재벌정 바름 : 정배지 바로 밑에 바르며 순서는 밑에서 위로 붙여 나간다.
　⑥ 초배지 종류 : 참지, 백지, 갱지

## 2) 바닥깔기

① 장판깔기 순서
　바탕처리 → 초배 → 재배 → 장판지 → 걸레받이 → 마무리칠

② 리놀륨 깔기 순서
　바탕처리 → 깔기계획 → 임시깔기 → 정깔기 → 마무리 및 보양

## 3) 카펫 공사

① 카펫의 특징

| 장 점 | 단 점 |
|---|---|
| ① 탄력성이 있다.<br>② 방음(흡음)성이 있다.<br>③ 내구성이 있다. | ① 유지관리 및 보수가 번거롭다.<br>② 습기와 오염에 약하다.<br>③ 패턴이 단조롭다. |

② 파일(pile)의 종류
　㉠ 고리(loop)형태
　㉡ 컷(cut)형태
　㉢ 컷+고리형태

| 고리(loop)형태 | 컷(cut)형태 | 컷+고리형태 |
|---|---|---|

③ 깔기공법
　㉠ 그리퍼공법 : 가장 일반적 공법. 주변 바닥에 그리퍼 설치 후 카펫을 고정
　㉡ 못박기공법 : 벽 주변을 따라 카펫을 30mm 정도 꺾어 넣고 롤러로 끌어당기면서 못을 50mm 정도 간격으로 박아 고정시키는 방법
　㉢ 직접붙이기 공법 : 콘크리트 바닥에 접착제 도포 후 카펫을 붙이는 방법
　㉣ 필업공법 : 발포고무 등 쿠션재를 대지 않은 카펫에 알맞은 공법

④ 시공 시 유의사항
　㉠ 시공 전 바닥에는 먼지, 틈새, 오물, 습기 등과 같은 이물질이 없어야 한다.
　㉡ 타일의 배열이 바둑판 모양이 되도록 한다.
　㉢ 카펫 제거 시 바닥에서 쉽게 떨어져 바닥을 상하지 않게 한다.

## 4. 석고보드 공사

### 1) 특징

| 장 점 | 단 점 |
|---|---|
| ① 내화성이 크다.<br>② 경량이며 신축성이 거의 없다.<br>③ 가공이 용이하고 도료 도포가 가능하다. | ① 재료의 강도가 약하다.<br>② 파손되기 쉽다.<br>③ 습윤에 약하다. |

### 2) 용도에 따른 종류

① 일반석고보드

② 방화석고보드

③ 방수석고보드

④ 미장석고보드

### 3) 시공 시 주의사항

① 이음매 처리 작업 전 반드시 못이나 나사못머리가 보드 표면과 일치하였는가 확인한다.

② 컴파운드를 너무 두껍게 바르면 경화시간이 길어지고 크랙 등의 하자가 발생한다.

### 4) 이음새 시공 순서

바탕처리 → 하도 → 조인트 테이프 부착 → 중도 → 상도 → 샌딩처리

# 5. 커튼공사

## 1) 주름

| 종 류 | 특 징 |
|---|---|
| 홑주름 | 소탈하며 다소 가벼운 느낌의 커튼형태로 보통 요척의 1.5배가 소요되는 장식성이 적은 심플한 커튼에 사용된다. |
| 겹주름 | 요척 1.5~2배의 것으로 캐주얼한 느낌이다. |
| 3겹주름 | 요척 2~3배의 높은 장식성을 지닌 커튼형태 |
| 박스형 주름 | 플리츠에 간격을 잡을 때는 2배, 그렇지 않을 때는 요척의 3배가 필요한 것으로 중량감이 있고 고상한 분위기의 커튼형태 |
| 게더주름 | 게더 파이프를 이용해서 만들어지는 경쾌한 느낌의 커튼 |
| 플레인스타일 | 민자 커튼으로 요척의 1.2~1.5배가 소요된다. |

(* 요척 : 커튼으로 가리고자 하는 장소의 폭)

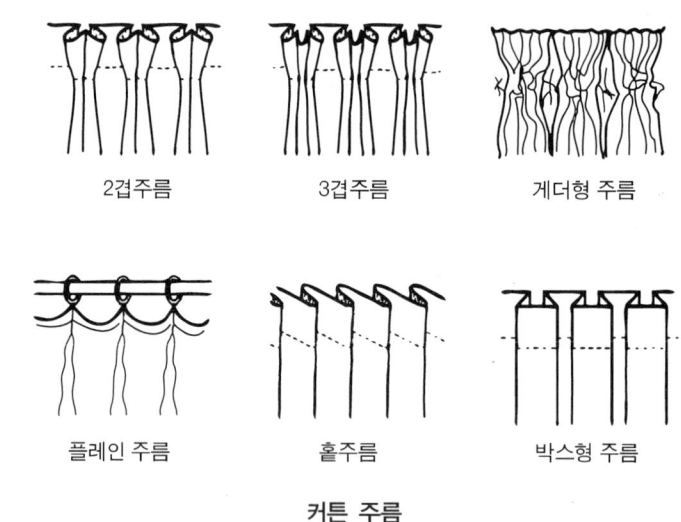

커튼 주름

## 2) 커튼 선택 시 주의사항

① 천의 특성과 시각적 효과를 생각해야 한다.
② 세탁 후 형의 변화나 치수변화가 없어야 한다.
③ 불연재로 선택해야 한다.
④ 탈색이 되지 않는 것으로 선택해야 한다.

## 3) 블라인드

① 정의 : 유리창 등에 직사광선과 시선 차단을 위해 설치하는 커튼 대용의 수장재

② 종류 : 수직블라인드, 수평블라인드, 롤블라인드, 로만블라인드

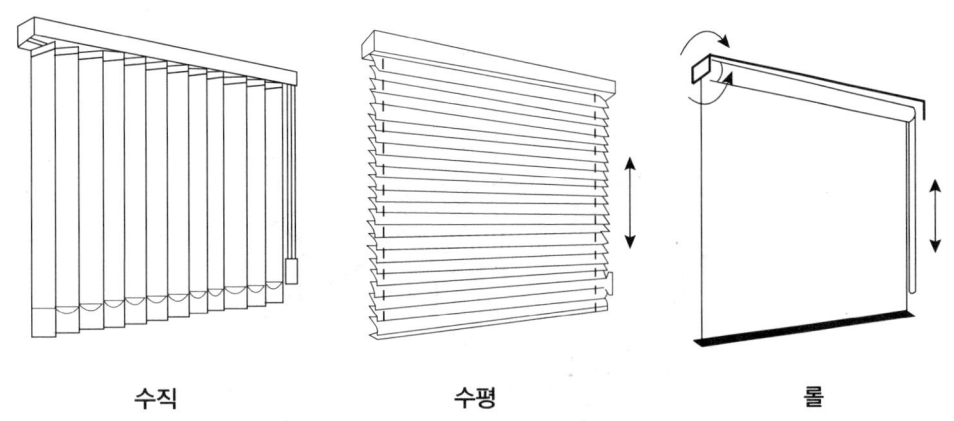

| 수직 | 수평 | 롤 |

# 6. 경량철골 반자틀

## 1) 반자의 설치 목적

① 미관적 구성

② 분진(먼지) 방지

③ 음과 열의 차단

④ 배선, 배관 등의 차폐

## 2) 경량철골 천장틀 설치 순서

① 인서트 매입(앵커 설치)

② 달대

③ 행거

④ 경량구조틀 설치

 ㉠ 캐링채널 설치 → ㉡ 클립 설치 → ㉢ MW(MS) BAR 설치

⑤ 텍스(천장판) 붙이기

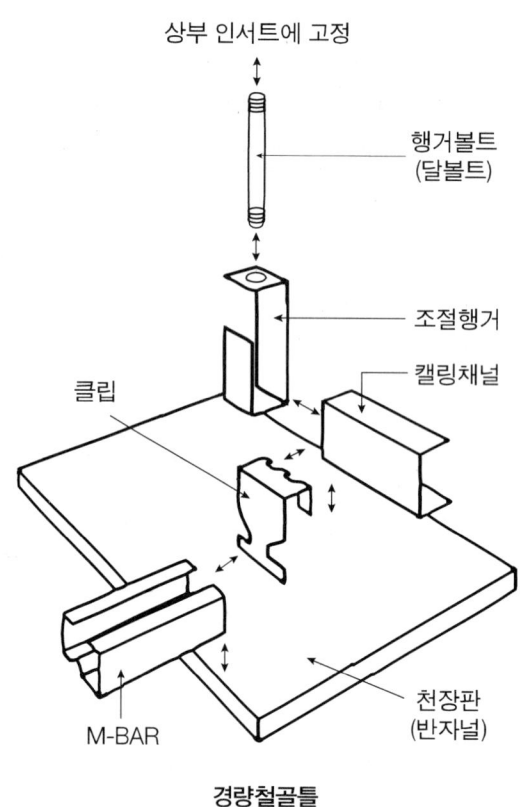

**경량철골틀**

### 내장공사 기타 용어

- 풀귀얄 : 밑면이 넓어 풀칠 등을 하는 솔로 돼지털로 만들어진 것이 좋다.
- 도듬문 : 문울거미를 남겨두고 두꺼운 종이로 바른 문
- 맹장지 : 도듬문에 바르는 종이
- 불발기 : 맹장지를 바른 중앙부분 등에 창살을 대고 창호지를 바른 형태의 문이나 창

# 기출 및 예상문제

**1.** 벽이나 천장판에 붙이는 재료의 종류 4가지를 쓰시오.(산업 93-10)

① _____
② _____
③ _____
④ _____

**2.** 내장공사에서 사용되는 다음 용어를 설명하시오.(산업 01-7)

① 도듬문
② 풀귀얄
③ 맹장지
④ 불발기

**3.** 다음은 도배지의 풀칠방법이다. 설명하는 풀칠법을 쓰시오.(산업 99-9)

가) 종이 주위에 풀칠하여 붙이고, 주름은 물을 뿜어둔다.
나) 종이 전부에 풀칠하며 순서는 중간부터 갓 둘레로 칠해 나간다.
다) 정배지 바로 밑에 바르며 밑에서 위로 붙여 올라간다.

**4.** 도배공사에서 도배지에 풀칠하는 방법 3가지를 쓰시오.(산업 10-4)

① _____
② _____
③ _____

**5.** 다음에서 설명하는 단열재의 이름을 쓰시오.(기사 00-6)

> 가) 사문석과 각섬석을 이용하여 만들고, 실끈, 지포 등으로 제작하여 시멘트와 혼합한 후 판재 또는 관을 만든다.
> 나) 현무암과 안산암 등을 이용하여 만들고 접착제를 혼합, 성형하여 판 또는 원통으로 만들어 표면에 아스팔트 펠트 등을 붙여 사용한다.

**6.** 다음 보기에서 방음재료를 골라 번호로 기입하시오.(산업 95-7, 기사 14-4)

> 〈보기〉 ① 탄화 코르크  ② 암면  ③ 아코스틱 타일
>          ④ 석면        ⑤ 광재면 ⑥ 목재루버
>          ⑦ 알루미늄부   ⑧ 구멍합판

**7.** 단열재가 되는 조건 4가지를 보기에서 고르시오.(산업 15-7, 기사 93-10)

> 〈보기〉 ① 열전도율이 높다.   ② 비중이 작다.
>          ③ 내식성이 있다.     ④ 기포가 크다.
>          ⑤ 내화성이 있다.
>          ⑥ 어느 정도의 기계적 강도가 있어야 한다.
>          ⑦ 흡수율이 적다.

**8.** 다음은 도배공사에 있어서 온도 유지에 관한 내용이다. ( ) 안에 알맞은 수치를 넣으시오. (기사 00-4, 18-6)

> 도배지의 평상 시 보관온도는 ( ① )℃이어야 하고, 시공 전 ( ② )시간 전부터, 시공 후 ( ③ )시간까지는 ( ④ )℃ 이상의 온도를 유지하여야 한다.

**9.** 도배지 붙이기 순서를 3단계로 구분하여 쓰시오.(산업 93-7, 00-2)

① _____
② _____
③ _____

**10.** 도배공사 시공순서를 보기에서 찾아 나열하시오.(산업 00-6, 15-7)

〈보기〉 ① 정배지 바름   ② 초배지 바름   ③ 재배지 바름
       ④ 바탕처리      ⑤ 굽도리

**11.** 리놀륨 깔기의 시공순서를 다음 보기에서 골라 순서대로 나열하시오.(산업 93-7)

〈보기〉 ① 깔기계획   ② 임시깔기   ③ 마무리
       ④ 정깔기     ⑤ 바탕준비

**12.** 카펫 파일의 종류 3가지를 쓰시오.(산업 00-6)

①　
②　
③　

**13.** 기능상 벽지 선택 시 주의사항 3가지를 쓰시오.(기사 94-7)

①　
②　
③　

**14.** 카펫 타일 시공법 중 접합공법 시 유의사항 3가지를 쓰시오.

①　
②　
③

**15.** 카펫깔기 공법 4가지를 쓰시오.(기사 95-7)

① _____
② _____
③ _____
④ _____

**16.** 다음 용어에 대해 간략히 서술하시오.

① 파이버 보드
② 탄화 코르크판

**17.** 석고보드의 사용용도에 따른 분류 3가지를 쓰시오.(산업 01-7)

① _____
② _____
③ _____

**18.** 석고보드의 장단점과 시공 시 주의사항을 쓰시오.(기사 00-9, 13-4)

① 장단점
② 주의사항

**19.** 다음은 석고보드의 이음새 시공순서이다. 보기에서 골라 바르게 나열하시오.
(기사 11-11)

① 조인트 테이프 부착    ② 샌딩처리    ③ 상도
④ 중도                   ⑤ 하도

**20.** 커튼의 주름방법 4가지를 쓰시오.(산업 98-5, 00-11)

① _____
② _____
③ _____
④ _____

**21.** 커튼 선택 시 주의사항을 4가지 쓰시오.(기사 97-11, 00-6)

① _____
② _____
③ _____
④ _____

**22.** 다음은 경량철골 천장틀 설치 순서이다. 시공순서대로 나열하시오.(기사 01-7, 16-4)

〈보기〉 ① 달대 설치   ② 앵커 설치
　　　 ③ 텍스 붙이기  ④ 천장틀 설치

**23.** 다음은 경량철골 천장틀 붙이기 시공방법이다. 시공순서대로 나열하시오.
(산업 99-3, 01-4)

〈보기〉 ① 달볼트    ② 클립      ③ 캐링 채널
　　　 ④ 조절행거  ⑤ MW(MS)BAR  ⑥ 인서트
　　　 ⑦ 천장판

**24.** 다음은 경량철골 천장틀 붙이기 시공방법이다. 시공순서에 맞게 보기에서 찾아 번호에 들어갈 말을 연결하시오.(산업 12-4)

〈보기〉 행거, 반자틀, 클립, 달볼트, 반자틀받이, 천장판

상부인서트고정 → ( ① ) → ( ② ) → ( ③ ) → ( ④ ) → ( ⑤ ) → ( ⑥ )

**25.** 다음 코너비드 철물의 사용 목적 및 위치를 쓰시오.(기사 12-10, 17-11)




**26.** 다음은 금속공사에 사용되는 재료이다. 간단히 설명하시오.(기사 11-7, 12-7, 13-11, 14-11)

① 미끄럼막이 (Non-slip)
② 익스팬션 볼트 (Expansion Bolt)


**27.** 다음 용어를 간략히 설명하시오.(산업 15-10, 16-6, 기사 96-7, 12-4)

① 메탈라스    ② 인서트
③ 논슬립      ④ 듀벨


**28.** 다음 용어를 설명하시오.(산업 11-7, 기사 11-7)

① 논슬립      ② 코너비드
③ 듀벨        ④ 마무리치수


**29.** 다음 용어에 대하여 간략히 설명하시오.(기사 00-11, 18-4)

조이너(joiner) :


**30.** 다음 철물의 사용 목적 및 위치를 쓰시오.(산업 11-4, 기사 11-7, 16-4, 16-6)

① 코너비드
② 인서트

**31.** 도배공사에서 벽도배의 순서를 보기에서 골라 번호를 쓰시오.(산업 11-4)

| ① 정배 | ② 재배 | ③ 초배 |
| ④ 바탕바름 | ⑤ 굽도리 | |

**32.** 다음은 도배공사에 사용되는 특수벽지이다. 서로 관계있는 것끼리 연결하시오.
(기사 11-7, 15-11)

| 가. 지사벽지 | 나. 유리섬유벽지 | 다. 직물벽지 |
| 라. 코르크벽지 | 마. 발포벽지 | 바. 갈포벽지 |

| ① 종이벽지 | ② 비닐벽지 | ③ 섬유벽지 |
| ④ 초경벽지 | ⑤ 목질계벽지 | ⑥ 무기질벽지 |

**33.** 다음 용어에 대해 간단히 설명하시오.(기사 10-10, 16-4)

① 메탈라스 :
② 데크플레이트 :

**34.** 다음의 해당 철물 명칭을 아래 보기에서 해당번호를 고르시오.(기사 10-7)

| ① 인서트 | ② 와이어라스 | ③ 메탈라스 |
| ④ 펀칭메탈 | ⑤ 세퍼레이터 | ⑥ 와이어메시 |
| ⑦ 조이너 | | |

가. 얇은 철판에 각종 모양을 도려낸 장식용 철물

나. 얇은 철판에 자름금을 내어 당겨 늘린 것

다. 연강선을 직교시켜 전기용접한 철선 망

라. 철선을 꼬아 만든 철망

**35.** 다음은 강재창호의 현장 설치순서이다. (　) 안에 맞는 것을 쓰시오.(기사 10-7)

현장반입 → ( ① ) → 녹막이칠 → ( ② ) → 구멍파내기, 따내기 → ( ③ )
→ 묻음발 고정 → ( ④ ) → 보양

**36.** 장판지 깔기의 시공순서를 보기에서 골라 순서대로 열거하시오.(산업 12-10)

① 마무리칠　　② 바탕처리　　③ 걸레받이
④ 장판지　　　⑤ 재배　　　　⑥ 초배

**37.** 다음은 논슬립의 사용 및 시공에 관한 설명이다. (　) 안을 채우시오.(기사 98-5)

논슬립은 계단의 ( ① ) 끝에 대어 ( ② )의 역할을 하며 계단 폭 끝에서
( ③ ) 정도 떼어 시공하기도 한다.

**38.** 도배공사 시 초벌 밑바름지의 종류 2가지를 쓰시오.(산업 10-7)

① _____
② _____

**39.** 강재 창호는 강판 또는 새시바를 주재료로 하고 용접 또는 장부죔에 의하여 조립하는데 이것의 장점과 단점을 2가지씩 쓰시오.(산업 10-7)

① _____
② _____

**40.** 다음은 금속공사에 사용되는 철물의 용어이다. 간략히 설명하시오.(산업 96-11, 기사 96-7, 98-10, 99-11, 14-4, 14-11, 18-4)

가) 와이어메시 :
나) 펀칭메탈 :
다) 메탈라스 :
라) 와이어라스 :

**41.** 다음 단어에 대해 간단히 설명하시오.(산업 96-11, 기사 93-7)

> 가) 페코 빔(pecco beam) :
> 나) 데크 플레이트(deck plate) :

**42.** 다음은 도배시공에 관한 내용이다. 초배지 1회 바름 시 필요한 도배면적을 산출하시오.
(기사 11-7, 15-4)

> 〈조건〉 바닥면적 : 4.5×6.0m   높이 : 2.6m
>    문 크기 : 0.9×2.1m   창문 크기 : 1.5×3.6m

**43.** 금속재 도장 작업의 바탕처리법 중 화학적 방법 3가지를 쓰시오.(기사 13-7)

① _____
② _____
③ _____

**44.** 콘크리트, 벽돌 등의 면에 다른 부재를 고정하거나 달아매기 위해 묻어두는 철물 4가지를 쓰시오.(산업 15-7)

① _____
② _____
③ _____
④ _____

**45.** 드라이비트(Dry-bit)의 특징을 3가지 쓰시오.(기사 14-4)

① _____
② _____
③ _____

**46.** 철골구조물의 내화피복공법 4가지를 쓰시오.(산업 08-3, 기사 16-11)

① _____
② _____
③ _____
④ _____

**47.** 다음은 도배지 바름의 일반적 시공순서이다. ( ) 안에 알맞은 말을 써넣으시오. (산업 16-4, 16-6)

| 바탕처리 → ( ① ) → ( ② ) → 걸레받이 → ( ③ ) |

**48.** 반자(Ceiling)의 설치목적 4가지를 쓰시오.(산업 16-6)

① _____
② _____
③ _____
④ _____

**49.** 금속의 부식방지법을 3가지 쓰시오.(기사 18-4)

① _____
② _____
③ _____

## 해답

1. ① 텍스  ② 석고보드  ③ 합판  ④ 테라코타

2. ① 도듬문 : 문울거미를 남겨두고 두꺼운 종이로 바른 문
   ② 풀귀얄 : 밑면이 넓어 풀칠 등을 하는 솔로 돼지털로 만들어진 것이 좋다.
   ③ 맹장지 : 도듬문에 바르는 종이
   ④ 불발기 : 맹장지를 바른 중앙부분 등에 창살을 대고 창호지를 바른 형태의 문이나 창

3. 가) 봉투바름   나) 온통바름   다) 재벌정 바름

4. 봉투바름, 온통바름, 비늘바름

5. 가) 석면   나) 암면

6. ③, ⑥, ⑧

7. ②, ⑤, ⑥, ⑦

8. ① 4   ② 72   ③ 48   ④ 16

9. 바탕처리 → 초배지 바름 → 정배지 바름

10. ④ → ② → ③ → ① → ⑤

11. ⑤ → ① → ② → ④ → ③

12. 고리, 컷, 고리+컷 형태

13. 장식기능, 내오염성 기능, 내구성 기능

14. ① 시공 전 바닥에는 먼지, 틈새, 오물, 습기 등과 같은 이물질이 없게 한다.
    ② 타일 배열이 바둑판 모양이 되도록 하며 파일방향이 각 장간 반대방향이 되게 한다.
    ③ 제거 시 바닥에서 쉽게 떨어져 바닥을 상하지 않게 한다.

15. 그리퍼 공법, 못박기 공법, 직접붙이기 공법, 필업 공법

16. ① 식물섬유질을 주원료로 하여 이를 섬유화, 펄프화하여 접착제를 섞어 만든 판재
    ② 떡갈나무, 참나무 등의 껍질을 적당한 크기로 부수어 열압성형한 판재로 보온 및 방습효과가 있다.

17. 방화석고보드, 방수석고보드, 미장석고보드

18. ① 장점 : 내화성이 크고 경량이며 신축성이 거의 없다.
     단점 : 재료의 강도가 약해 파손의 우려가 있고 습윤에 약하다.

② 주의사항 : 이음매 처리작업 전에 못, 나사 머리가 보드 표면과 일치되었는지 확인하며 시공 전후에 통풍이 잘 되도록 해야 한다. 또한 콤파운드가 두꺼워지면 경화가 늦고 크랙 등 하자가 발생하므로 두께에 유의한다.

**19.** ⑤ → ① → ④ → ③ → ②

**20.** 홑주름, 겹주름, 게더주름, 박스형 주름

**21.** ① 천의 특성과 시각적 효과를 생각해야 한다.
② 세탁 후 형의 변화나 치수변화가 없어야 한다.
③ 불연재로 선택해야 한다.
④ 탈색이 되지 않는 것으로 선택해야 한다.

**22.** ② → ① → ④ → ③

**23.** ⑥ → ① → ④ → ③ → ② → ⑤ → ⑦

**24.** ① 달볼트  ② 행거  ③ 반자틀받이  ④ 클립  ⑤ 반자틀  ⑥ 천장판

**25.** 기둥, 벽 등 모서리 부분의 미장바름을 보호하기 위한 철물로 그 시공면의 각진 모서리에 대어 시공한다.

**26.** ① 계단 디딤판 끝에 대어 오르내릴 때 미끄럼을 방지하고 시각적으로 계단의 디딤위치를 유도하는 철물
② 확장볼트 혹은 팽창볼트라고도 하는 것으로 콘크리트, 벽돌벽 등에 띠장이나 문틀 등의 다른 부재를 고정하기 위하여 묻어두는 특수볼트

**27.** ① 얇은 강판에 마름모꼴의 자름구멍을 내어 그물형태로 늘린 철망. 천장, 벽, 처마둘레 등의 미장바름 바탕재로 쓰인다.
② 콘크리트 구조 바닥판 밑에 반자틀 기타 구조물을 달아 매고자 할 때 볼트 또는 달대의 걸침이 되는 철물
③ 계단의 디딤판 모서리 끝부분에 대어 오르내릴 때 미끄럼을 방지하고 시각적으로 계단의 디딤위치를 유도해준다.
④ 목재에서 두 재의 접합부에 끼워 볼트와 함께 사용하여 볼트가 인장력을 부담하고 듀벨은 전단력에 견디도록 하는 일종의 산지

**28.** ① 계단의 디딤판 모서리 끝부분에 대어 오르내릴 때 미끄럼을 방지하고 시각적으로 계단의 디딤위치를 유도해준다.
② 기둥, 벽 등 모서리 부분의 미장바름을 보호하기 위한 철물로 그 시공면의 각진 모서리에 대어 시공한다.
③ 목재에서 두 재의 접합부에 끼워 볼트와 함께 사용하여 볼트가 인장력을 부담하고 듀벨은 전단력에 견디도록 하는 일종의 산지
④ 제재목을 치수에 맞추어 깎고 다듬어 대패질로 마무리한 치수

**29.** 천장, 벽 등에 보드, 합판 등을 붙이고 그 이음새를 감추어 누르는 데 쓰이는 철물

**30.** ① 코너비드 : 기둥, 벽 등 모서리 부분의 미장바름을 보호하기 위한 철물로 그 시공면의 각진 모서리에 대어 시공한다.
② 인서트 : 반자틀 기타 구조물을 달아매고자 할 때 볼트 또는 달대의 걸침이 되는 철물로 콘크리트조 바닥판 밑에 설치한다.

**31.** ④ → ③ → ② → ① → ⑤

**32.** ①-가, ②-마, ③-다, ④-바, ⑤-라, ⑥-나

**33.** ① 메탈라스 : 얇은 강판에 마름모꼴의 자름구멍을 내어 그물형태로 늘린 철망. 천장, 벽, 처마둘레 등의 미장바름 바탕재로 쓰인다.
② 데크플레이트 : 지주가 없는 거푸집으로 사용하거나 내화 피복하여 구조체로도 사용하는 골모양의 금속재

**34.** 가-④, 나-③, 다-⑥, 라-②

**35.** ① 변형바로잡기  ② 먹매김  ③ 가설치 및 검사  ④ 창문틀 주위 모르타르 사춤

**36.** ② → ⑥ → ⑤ → ④ → ③ → ①

**37.** ① 디딤판  ② 미끄럼 방지  ③ 5cm

**38.** 참지, 백지, 갱지(택 2)

**39.** ① 장점 : 내구성이 강하다. 보안성이 우수하다
② 단점 : 부식 우려가 있다. 비교적 무겁다.

**40.** 가) 연강철선을 직교시켜 전기용접한 철선망
나) 얇은 철판에 각종 모양을 도려낸 것
다) 얇은 철판에 자름금을 내어 당겨 늘린 것
라) 철선을 원형, 마름모형, 갑형 등으로 꼬아서 만든 것

**41.** 가) 강재의 인장력을 이용하여 만든 조립보로 받침기둥이 필요 없는 신축이 가능한 수평지지보
나) 내화피복 후 철골조 보에 걸어 지주 없이 쓰이는 골모양 바닥판으로 쓰거나 지주가 없는 거푸집으로 사용한다.

**42.** 천장(바닥면적을 통해 산출) : 4.5×6.0=27m²
벽면={2(4.5+6.0)×2.6}-{(0.9×2.1)+(1.5×3.6)}=54.6-7.29=47.31m²
합계=27+47.31=**74.31m²**

**43.** 탈지법, 세정법, 피막법

**44.** ① 인서트 ② 익스팬션볼트 ③ 스크류 앵커 ④ 앵커볼트

**45.** ① 질감과 색상표현이 다양하다.
② 단열성이 크다.
③ 경제적이다.
④ 가공이 쉬워 조형성이 좋다.

**46.** 타설, 조적, 미장, 뿜칠공법

**47.** ① 초배지 바름 ② 정배지 바름 ③ 굽도리

**48.** ① 미관적 구성
② 분진(먼지) 방지
③ 음과 열의 차단
④ 배선, 배관 등의 차폐

**49.** ① 표면의 이물질과 습기를 제거한다.
② 서로 다른 금속은 인접, 접촉시키지 않는다.
③ 도료나 내식성이 큰 재료나 방청재로 보호피막을 입힌다.

# 제11장 공정관리

## 1 공정계획

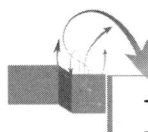

### 1. 정의

① 건축물을 지정된 공사기간 내에 맞추어서 양질의 시공을 하기 위해 작성 계획한다.
② 공사의 공정계획 및 진척상황 등을 알기 쉽게 세부계획에 필요한 시간과 순서, 자재 노무, 기계설비 등을 일정한 형식에 의거 작성, 관리함을 목적으로 한다.

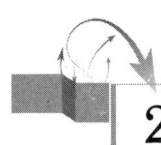

### 2. 공정표의 종류

#### 1) 횡선식 공정표

① 개요

세로축에 공사종목별 각 공사명을 배열하고 가로축에 날짜를 표기한 후 공사명별 공사의 소요시간을 횡선의 길이로써 나타내는 공정표

② 장점
- 각 공정별 공사와 전체의 공정시기 등이 일목요연하다.
- 각 공정별 공사의 착수 및 완료일이 명시되어 판단이 용이하다.
- 공정표의 형태가 단순하여 경험이 적은 사람도 쉽게 이해할 수 있다.

③ 단점
- 작업 상호간의 관계가 불분명하다.
- 주공정선을 파악할 수 없으므로 관리통제가 어렵다.
- 작업 상호간의 유기적인 관련성과 종속관계를 파악할 수 없다.
- 작업상황이 변동되었을 때 탄력성이 없다.
- 한 작업이 다른 작업 및 프로젝트에 미치는 영향을 파악할 수 없다.

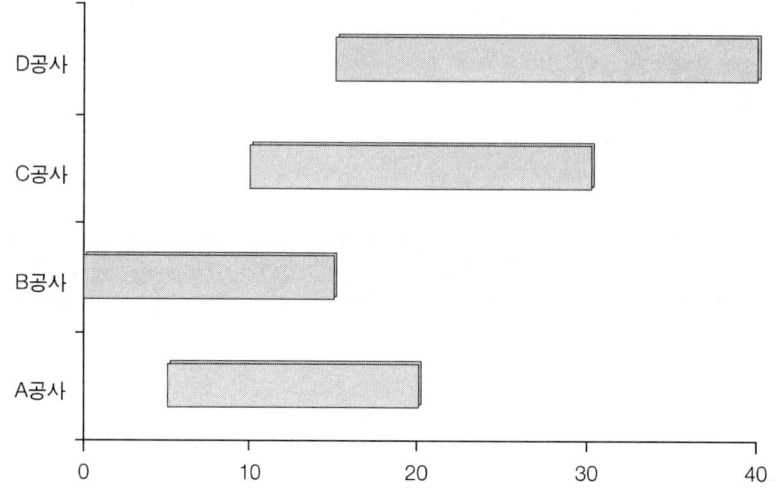

### 2) 사선식 공정표

작업의 관련성을 나타낼 수는 없으나 공사의 기성고를 표시하는 데 편리한 공정표로 세로에 공사량과 총 인부 등을 표시하고 가로에 월, 일수 등을 표시하여 일정한 사선 절선을 가지고 공사의 진행상태(기성고)를 수량적으로 나타낸다.

① 장점
  ㉠ 전체 기성고 파악 용이
  ㉡ 자재, 장비, 노무 수배 용이
  ㉢ 공사지연에 따른 조속한 대책 가능
  ㉣ 네트워크 공정표의 보조수단으로 사용
② 단점
  ㉠ 각 단위작업의 기성고 및 조정 불가
  ㉡ 주공정선 파악 불가
  ㉢ 각 작업 간 상호관계 파악 불분명

### 3) 열기식 공정표

부분 공정표로서 재료, 노무 등을 글자로 나열한 것이다. 재료 및 노무 수배에 유리

### 4) 네트워크 공정표

전체 공정계획 속에 개개의 작업을 ○와 →로 구성되는 망형도로 표시하며, 이에 각 작업에 필요한 시간을 구하여 총괄적 견지에서 관리를 진행하는 공정표로 PERT 방식과 CPM 방식이 있다.

① 장점
  ㉠ 공사계획의 전모와 공사 전체의 파악이 용이하다.
  ㉡ 각 작업의 흐름을 분해하여 작업 상호관계가 명확하게 표시된다.

© 계획단계에서 문제점이 파악되므로 작업 전에 수정이 가능하다.
② 공사의 진척상황을 누구나 쉽게 알 수 있다.
⑩ 주공정선(C.P)이 명확하다.
⑪ 각 작업의 여유산출이 가능하다.

② 단점
㉠ 작성시간이 오래 걸린다.
㉡ 작성 및 검사에 특별한 지식이 요구된다.
㉢ 기법의 표현상 세분화에 한계가 있다.

③ PERT와 CPM의 비교

| 구분 | PERT | CPM |
|---|---|---|
| 개발 및 응용 | 1958년 미 군수국 특별계획부에 의해 해군장비 개발에 응용 | 1956년 미국의 Dupont사의 연구개발 |
| 대상계획 | 신규사업, 비반복사업에 이용 | 반복사업, 경험에 있는 사업 |
| 공기추정 | 3점 시간(가중평균치)을 추정 | 1점 시간 가정을 이용 |
| 일정계산 | 단계 중심의 일정계산 | 작업 중심의 일정계산 |
| MCX (최소비용이론) | 적용되지 않는다. | 이 이론이 CPM의 핵심이다. |

 소요시간 추정

1) CPM : 경험에 의한 시간추정(1점 추정)

$$T_e = t_m$$

2) PERT : 3점 추정

$$T_e = \frac{t_o + 4t_m + t_p}{6}$$

$T_e$ = 기대시간(Expected time)
$t_o$ = 낙관시간(Optimistic time)
$t_m$ = 정상시간(Most likely time)
$t_p$ = 비관시간(Pessimistic time)

## 2 네트워크 공정표

## 1. 용어 및 개념

### 1) 기본용어

① 결합점(event, node) : 작업의 시작과 종료를 표시하는 개시점, 종료점, 연결점은 ○로 표시하며 작업의 진행방향으로 번호를 순차적으로 부여한다.

② 작업(activity, job) : 프로젝트를 구성하는 작업단위 → 위에 작업명, 아래에 작업일수를 표시한다.

③ 더미(dummy) : 작업 상호관계를 연결시키는 점선 화살표로 명목상 작업이나 시간적 요소는 없다.

 ㉠ numbering dummy(순번적 더미) : 결합점에 번호를 붙일 때 중복작업을 피하기 위해 생기는 더미이다.

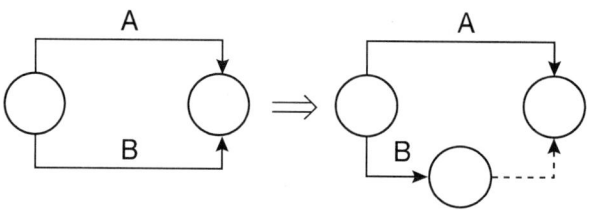

 ㉡ logical dummy(논리적 더미) : 작업 선후관계를 규정하기 위한 더미이다.

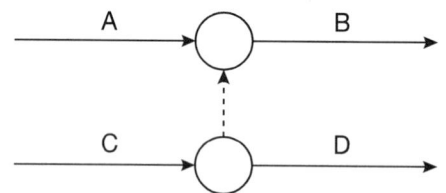

  • B작업은 A와 C작업이 모두 완료되어야 시작할 수 있고
  • D작업은 C만 완료되면 시작이 가능하다.

 ㉢ timelag dummy : 시간이 표시되는 더미. 별도의 작업이 없으나 작업시간이 존재하는 경우에 사용한다.

### 2) 경로(Path)

네트워크 공정표상에서 둘 이상의 작업의 연결을 경로라 한다.

| 용어 | 기호 | 내 용 |
|---|---|---|
| 최장패스<br>(Longest Path) | L.P | 임의의 두 결합점 간의 경로 중 소요시간이 가장 긴 경로 |
| 주공정선<br>(Critical Path) | C.P | 개시 결합점에서 종료 결합점에 이르는 경로 중 가장 긴 경로<br>• C.P는 공기를 결정하므로 공정계획에서 가장 중요한 경로이다.<br>• 주공정선상 작업의 여유와 결합점의 여유는 0이다.<br>• 더미도 주공정선이 될 수 있다. |

## 3) 시각

① CPM 공정표의 시간계산

| 용어 | 기호 | 내 용 |
|---|---|---|
| 가장 빠른 개시시각<br>(Earliest Starting Time) | EST | 작업을 시작하는 가장 빠른 시각 |
| 가장 빠른 종료시각<br>(Earliest Finishing Time) | EFT | 작업을 끝낼 수 있는 가장 빠른 시각 |
| 가장 늦은 개시시각<br>(Latest Starting Time) | LST | 공기에 영향이 없는 범위에서 작업을 가장 늦게 시작해도 되는 시각 |
| 가장 늦은 종료시각<br>(Latest Finishing Time) | LFT | 공기에 영향이 없는 범위에서 작업을 가장 늦게 완료해도 되는 시각 |

② PERT 공정표의 시각

| 용어 | 기호 | 내 용 |
|---|---|---|
| 가장 빠른 결합점 시각<br>(Earliest Node Time) | ET | 최초의 결합점에서 대상의 결합점에 이르는 경로 중 가장 긴 경로를 통과하여 가장 빨리 도달되는 결합점 시각 |
| 가장 늦은 결합점 시각<br>(Latest Node Time) | LT | 임의의 결합점에서 최종 결합점에 이르는 경로 중 가장 시간적으로 긴 경로를 통과하여 종료시각에 될 수 있는 개시 시각 |

## 4) 공기(공사기간)

공기에는 지정공기와 계산공기가 있으며 계산공기는 항상 지정공기보다 같거나 작아야 하고 만약 계산공기가 지정공기보다 크면 이를 단축해야 하는데 이것을 공기조정이라 한다.

| 용어 | 기호 | 내 용 |
|---|---|---|
| 지정공기 | To | 발주자에 의해 미리 지정되어 있는 공기 |
| 계산공기 | T | 네트워크의 일정계산으로 구해진 공기 |
| 간공기(잔여공기) |  | 어떤 결합점에서 완료시점에 이르는 최장패스의 소요시간 |

### 5) 여유

공사가 종료되는 데 지장을 주지 않는 범위 내에서의 잔여시간을 말하며 크게 플로트(float)와 슬랙(slack)이 있다.

① 플로트 : 네트워크 공정표에서 작업의 여유

| 용어 | 기호 | 내용 |
|---|---|---|
| 총여유<br>(Total Float) | TF | 가장 빠른 개시시각에 시작하여 가장 늦은 종료시각에 완료할 때 생기는 여유시간 |
| 자유여유<br>(Free Float) | FF | 가장 빠른 개시시각에 작업을 시작하여 후속 작업도 가장 빠른 개시시각에 시작해도 존재하는 여유시간 |
| 간섭여유<br>(Dependent Float) | DF | 후속작업의 전체여유(TF)에 영향을 주는 여유 |

② 슬랙(Slack) : 네트워크에서 결합점이 가지는 여유시간

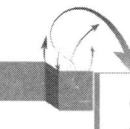

## 2. 공정표 작성

### 1) 기본 원칙

① 공정의 원칙 : 작업에 대응하는 결합점이 표시되어야 하고, 그 작업은 하나로 한다.

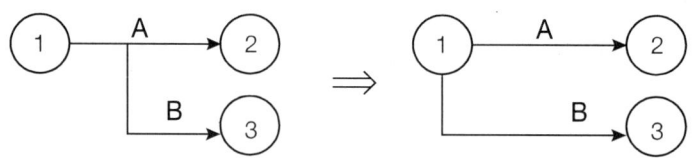

• 왼쪽 공정표상으로는 B작업의 개시결합점이 없으므로 오른쪽처럼 수정한다.

② 단계의 원칙
  ㉠ 선행과 후속의 관계는 결합점을 중심으로 종료되는 모든 작업이 결합점에서 시작되는 모든 작업의 선행작업이며, 결합점에서 시작되는 모든 작업이 결합점에서 종료되는 모든 작업의 후속작업이다.
  ㉡ 공정표상에서 선행작업이 종료된 후 후속작업을 개시할 수 있다.
  ㉢ 더미가 있는 경우 선행과 후속은 연속개념으로 본다.

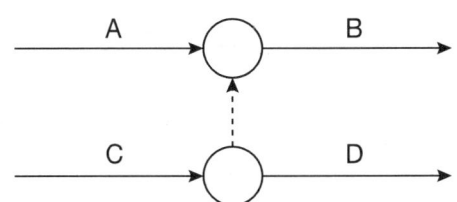

 A의 후속은 B이고 C의 후속은 B, D. 반대로 B의 선행은 A, C이고 D의 선행은 C이다.

③ 활동의 원칙
  ㉠ 네트워크 공정표에서 각 작업의 활동은 보장되어야 한다.
  ㉡ 아래 공정표에서 A작업과 B작업은 공정표상에서 각각의 활동을 보장하지 못하므로 오른쪽과 같이 표시하여 각 작업의 활동이 보장되게 한다.

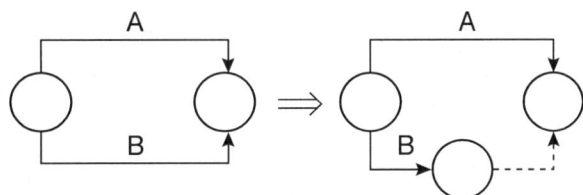

④ 연결의 원칙 : 최초 개시 결합점과 종료 결합점은 반드시 1개씩으로 한다.

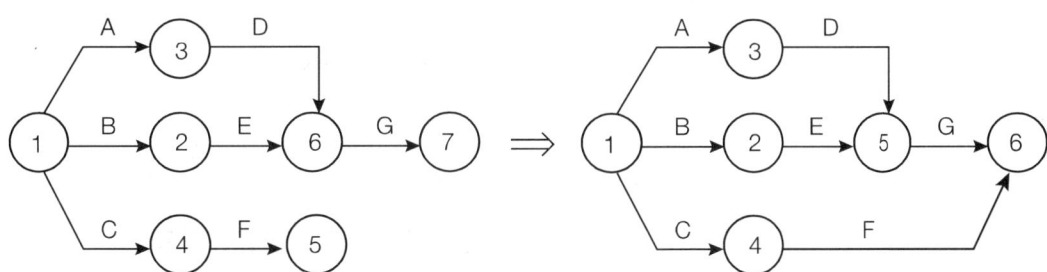

## 2) 작성상의 일반 원칙

① 무의미한 더미는 생략한다.

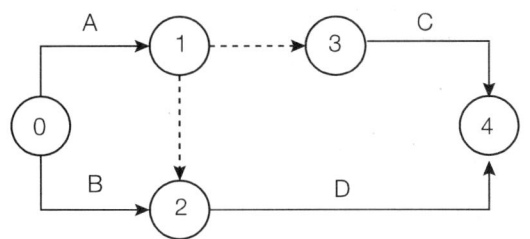 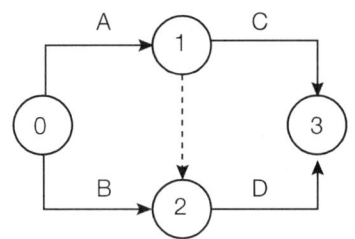

② 가능한 한 작업 상호간의 교차는 피하도록 한다.

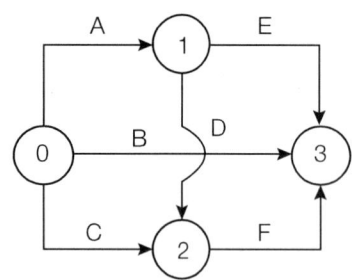 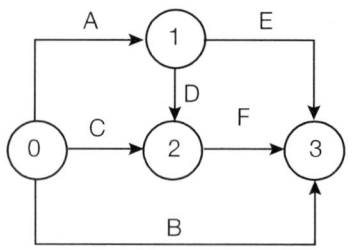

③ 역진 혹은 회송되어서는 안 된다.

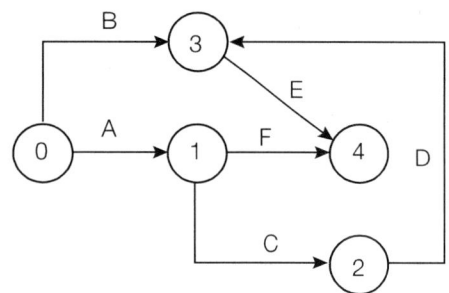 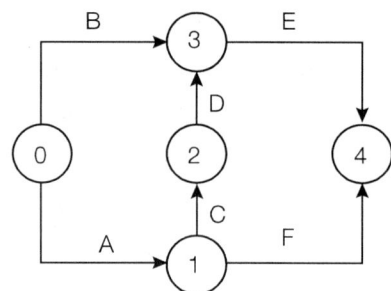

### 3) 공정표 작성공식 10가지

① 두 결합점 사이에 2개의 작업 A, B가 존재할 때

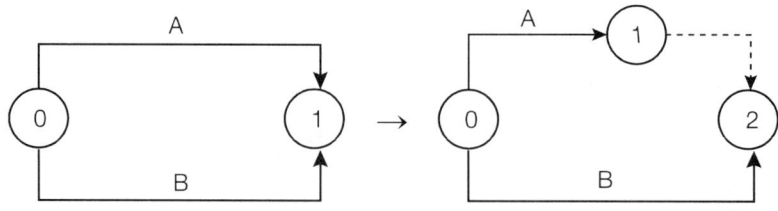

② 두 결합점 사이에 3개의 작업 A, B, C가 존재할 때

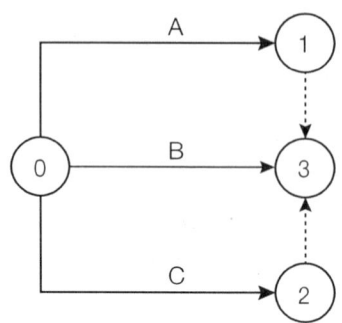

③ A작업의 후속작업이 B, C일 때

| 작업명 | 선행관계 |
|---|---|
| A | 없음 |
| B | A |
| C | A |

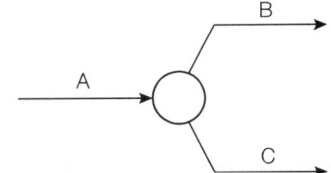

④ A, B의 후속작업이 C일 때

| 작업명 | 선행관계 |
|---|---|
| A | 없음 |
| B | 없음 |
| C | A, B |

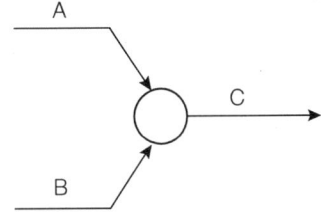

⑤ A, B의 후속작업이 C, D일 때

| 작업명 | 선행관계 |
|---|---|
| A | 없음 |
| B | 없음 |
| C | A, B |
| D | A, B |

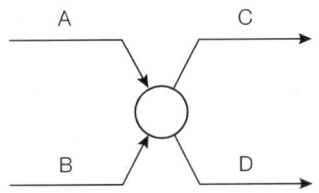

⑥ A의 후속작업이 C, D이고 B의 후속작업이 D일 때

| 작업명 | 선행관계 |
|---|---|
| A | 없음 |
| B | 없음 |
| C | A |
| D | A, B |

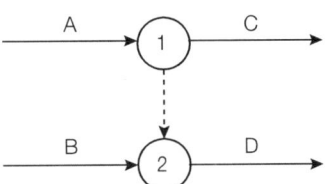

⑦ A의 후속작업이 C이고, B의 후속작업이 C, D일 때

| 작업명 | 선행관계 |
|---|---|
| A | 없음 |
| B | 없음 |
| C | A, B |
| D | B |

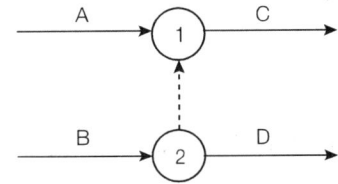

⑧ A의 후속작업이 C, D이고 B의 후속작업이 D, E일 때

| 작업명 | 선행관계 |
|---|---|
| A | 없음 |
| B | 없음 |
| C | A |
| D | A, B |
| E | B |

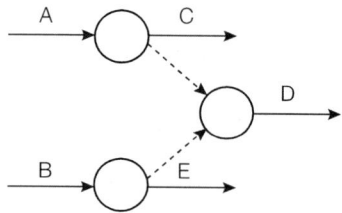

⑨ A의 후속작업이 C, D, E이고 B의 후속작업이 D, E일 때

| 작업명 | 선행관계 |
|---|---|
| A | 없음 |
| B | 없음 |
| C | A |
| D | A, B |
| E | A, B |

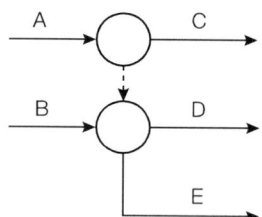

⑩ A의 후속작업이 D, E, F이고, B의 후속작업이 E, F이며, C의 후속작업이 F일 때

| 작업명 | 선행관계 |
|---|---|
| A | 없음 |
| B | 없음 |
| C | 없음 |
| D | A |
| E | A, B |
| F | A, B, C |

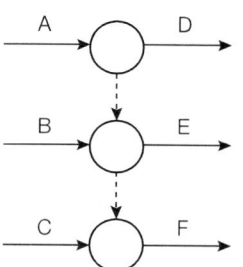

### 4) 일정계산

다음 예제를 통하여 일정계산법을 알아보도록 하자.

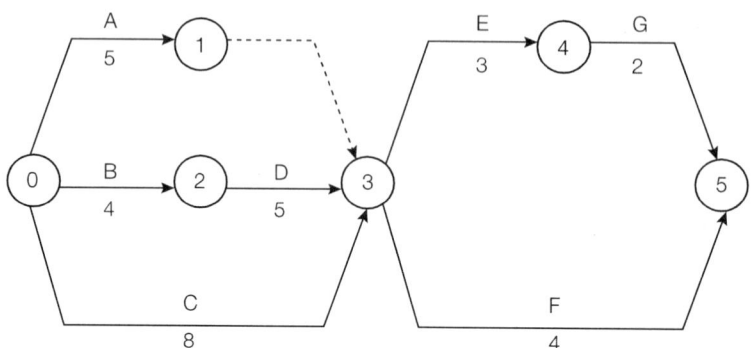

① 1단계 : EST, EFT 계산(작업의 흐름에 따라 전진계산)

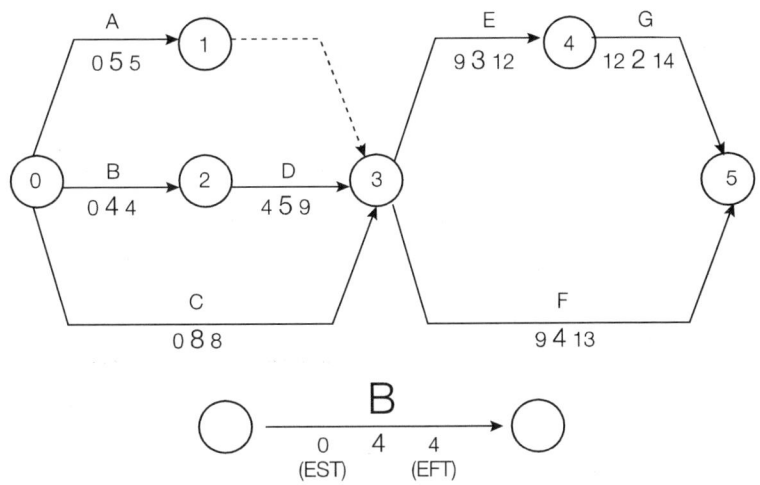

㉠ 위 공정표에서 B작업의 예를 들면 위와 같이 표기한다.
㉡ 최초 개시 결합점에서 시작되는 모든 작업의 EST는 0이다.
㉢ 임의 작업의 EFT는 EST에 작업일수를 더해서 구한다.(EST+작업일수=EFT)
㉣ 1, 2번 결합점 이후 작업의 EST는 선행작업의 EFT로 한다. 만약 선행작업이 2개 이상이면 선행작업의 EFT 중 최대값으로 한다.
　ex) E작업의 선행작업은 A, C, D이고 그 중 D작업의 EFT가 최대이므로 E작업의 EST는 9일이 되는 것이다.
㉤ 최종 결합점에서 끝나는 작업의 EFT의 최대값이 계산공기가 되며, 곧 최종 결합점의 LFT가 된다.

② 2단계 : LST, LFT 계산(작업의 흐름과 반대로 역진 계산)

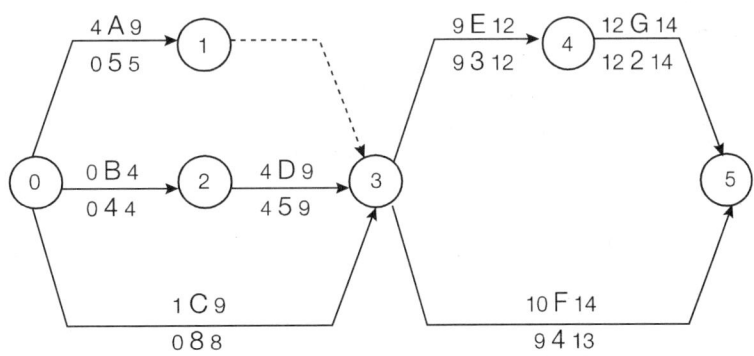

㉠ 위 공정표에서 F작업의 예를 들면 아래와 같이 표기한다.

㉡ 최종 결합점에서 끝나는 모든 작업인 F와 G의 LFT는 두 작업의 EFT 중 최대값

인 14일을 두 작업의 LFT로 한다.

ⓒ LST는 LFT에서 작업일수를 빼서 계산한다.(LST=LFT-작업일수)

ⓔ 3번 결합점의 LFT는 E와 F의 LST 중 최소값인 9일을 택하여 A, D, C에 적용한다.

ⓓ 임의 작업의 LFT는 후속작업의 LST로 한다. 만약 후속작업이 2개 이상이면 후속작업의 LST 중 최소값으로 한다.

③ 3단계 : CP(주공정선) 계산

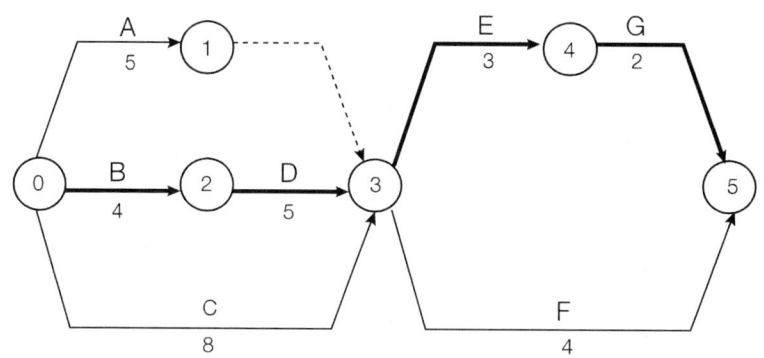

예제에서 CP는 B → D → E → G이며 공사기간은 14일이다.

㉠ 개시 결합점에서 종료 결합점까지의 패스 중 가장 긴 작업의 소요일수를 가진 경로가 주공정선이 된다.

㉡ 주공정선상의 작업의 여유 플로트와 결합점의 여유인 slack은 항상 0이다.

㉢ 주공정선은 복수일 수 있으며 더미도 주공정선이 될 수 있다.

㉣ 주공정선의 일수가 바로 공사기간이므로 주공정선상의 공사가 지연되면 전체 공사가 지연되므로 관리를 위해서 굵은 선으로 표시한다.

④ 4단계 : 각 작업의 여유계산

㉠ TF(전체여유)=그 작업의 LFT-그 작업의 EFT

㉡ FF(자유여유)=후속작업의 EST-그 작업의 EFT

㉢ DF(간섭여유)=TF-FF

이 공식을 활용하여 각 작업의 일정을 도표로 정리하면 다음과 같다.

| 작업명 | EST | EFT | LST | LFT | TF | FF | DF | CP |
|---|---|---|---|---|---|---|---|---|
| A | 0 | 5 | 4 | 9 | 4 | 4 | 0 | |
| B | 0 | 4 | 0 | 4 | 0 | 0 | 0 | * |
| C | 0 | 8 | 1 | 9 | 1 | 1 | 0 | |
| D | 4 | 9 | 4 | 9 | 0 | 0 | 0 | * |
| E | 9 | 12 | 9 | 12 | 0 | 0 | 0 | * |
| F | 9 | 13 | 10 | 14 | 1 | 1 | 0 | * |
| G | 12 | 14 | 12 | 14 | 0 | 0 | 0 | * |

⑤ 5단계 : 결합점의 일정 표시

공정표에는 결합점의 일정과 주공정선이 나타나도록 마무리를 해야 한다.

㉠ 결합점의 일정표기는 다음과 같이 표기하는 것이 보통이다.

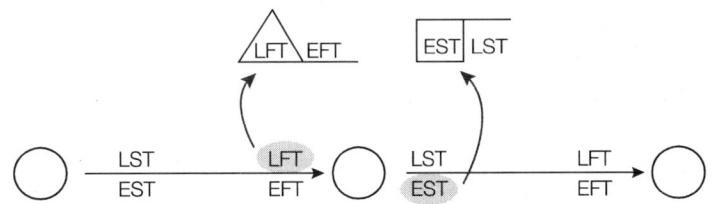

㉡ 임의의 결합점에서 앞의 EFT와 뒤의 EST의 일정이 같고, 역시 앞의 LFT와 LST의 일정이 같다.

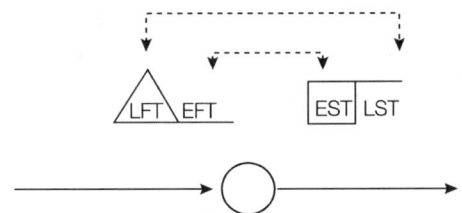

㉢ 결합점에 연결된 작업이 복수일 경우 EST와 LFT를 구하는 방법은 앞에서 설명한 일정계산법과 같다.

(ex: 3번 결합점에서 시작하는 작업은 E, F이다. 이 중 LST를 구하는 방법은 앞의 선행작업의 LFT를 구하는 방법과 같다. 즉, 두 작업의 LST 중 작은 값인 9일이 3번에서 완료되는 작업의 LFT이므로 3번 결합점의 LST는 9가 된다.)

㉣ CPM 기법이 아닌 PERT 기법 공정표에서 ET와 LT는 아래 그림과 같이 구한다.

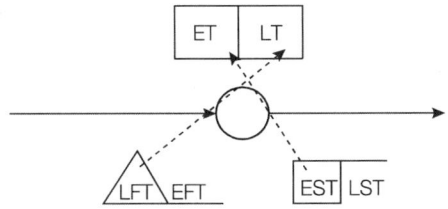

㉤ 결합점의 일정을 표기할 경우에는 더미의 일정을 고려한다.

완성된 공정표는 이와 같이 계산된다.

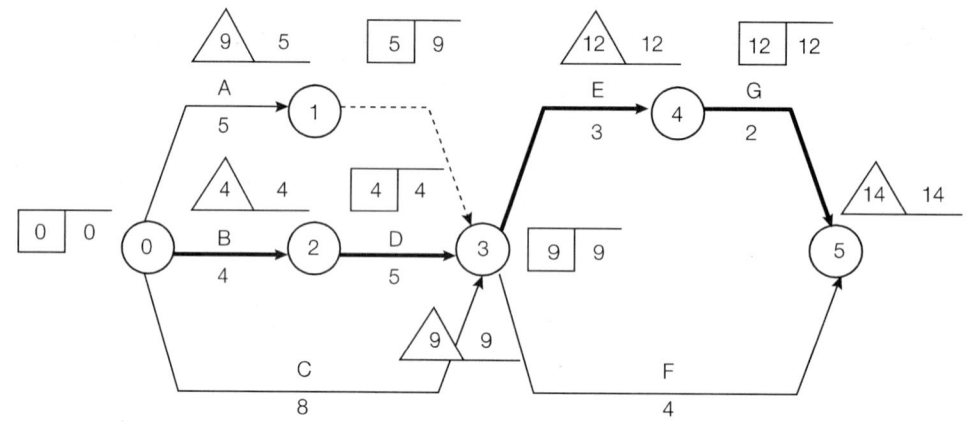

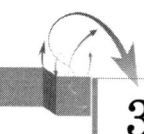 **3. 공기단축**

## 1) 개요

① 공기단축 시기
- 지정공기보다 계산공기가 긴 경우
- 진도관리(follow up)에 의해 작업이 지연되고 있는 경우

② 시간과 비용의 관계
- 총 공사비는 직접비와 간접비로 구성되고 일반적으로 시공 시 시공량에 비례하므로 시공속도를 빠르게 할수록 간접비는 감소되고 직접비는 증가한다.
- 직접비와 간접비의 총 합계가 최소가 되도록 한 시공속도를 최적시공속도 또는 경제속도라 한다.

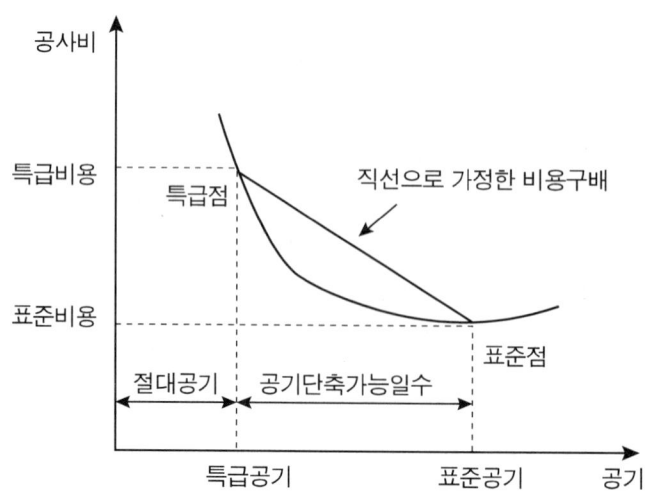

## 2) 비용구배(cost slope)

① 비용구배란 공기를 1일 단축할 때 증가하는 비용을 말한다.
② 시간 단축 시 증가하는 비용의 곡선을 직선으로 가정한 기울기의 값이다.
③ 비용구배 = $\dfrac{\text{특급비용} - \text{표준비용}}{\text{표준공기} - \text{특급공기}}$
④ 단위는 원/일이며 공기단축 가능일수는 표준공기에서 특급공기를 뺀 일수이다.
⑤ 특급점이란 더 이상 단축할 수 없는 절대공기를 말한다.

## 3) 공기조절 검토순서

① 소요경기 재검토
② 주공정상의 작업병행 가능성 검토
③ 계획 공정논리의 변경
④ 최소 비용 구배 검토
⑤ 품질 및 안전성 검토
⑥ 다른 작업의 영향 검토
⑦ 자원증가 한도 검토

## ☐ 기출 및 예상문제

**1.** 횡선식 공정표의 특성을 3가지 기술하시오.(산업 99-5)

① _____
② _____
③ _____


**2.** 노무와 재료수배를 계획할 목적으로 작성하는 공정표의 종류를 쓰시오.(기사 98-5)


**3.** 사선식 공정표의 특성을 3가지 쓰시오.(기사 99-11)

① _____
② _____
③ _____


**4.** 공정표의 종류 4가지를 쓰시오.(산업 94-5, 99-3, 기사 00-6, 10-7)

① _____
② _____
③ _____
④ _____


**5.** 네트워크 공정표의 특징을 3가지 쓰시오.(산업 92-9, 93-10, 97-4, 98-7, 12-4, 14-7)

① _____
② _____
③ _____

**6.** 다음은 애로우형 네트워크 공정에 쓰이는 용어를 기술한 것이다. 서로 관계 있는 것끼리 연결하시오.(산업 00-6)

〈보기〉 ① 결합점    ② 더미    ③ LFT    ④ CP

가) 네트워크에서 작업과 작업 또는 더미와 더미를 결합하는 점 또는 프로젝트의 개시점과 완료점 :

나) 네트워크에서 바로 표현할 수 없는 작업 상호관계를 도시할 때 쓰는 점선 :

다) 프로젝트의 공기에 영향이 없는 범위에서 작업을 가장 늦게 완료해도 되는 시일 :

라) 개시결합점에서 완료결합점까지의 최장 path, circle형 네트워크에서는 최초작업에서 최후작업에 달하는 path :

**7.** 다음 용어를 설명하시오.(산업 96-5, 98-7, 99-9, 99-11, 15-10, 기사 96-9)

① EST :
② CP :
③ FF :
④ LT :

**8.** 네트워크 공정표의 장점 4가지를 기술하시오.(기사 01-4)

①
②
③
④

**9.** 다음에 알맞은 용어를 쓰시오.(산업 95-7)

① 화살표형 네트워크에서 정상 표현할 수 없는 작업의 상호관계를 표시하는 파선으로 된 화살표 :

② 작업을 시작하는 가장 빠른 시간 :

③ 가장 빠른 개시시간에 시작해 가장 늦은 종료시간으로 종료할 때 생기는 여유시간 :

**10.** CPM 네트워크 공정표에서 소유할 수 있는 여유 4가지를 기술하시오.(산업 95-10)

① _____
② _____
③ _____
④ _____

**11.** 네트워크 공정에 쓰이는 용어이다. 다음 용어를 설명하시오.(산업 97-6, 01-4)

> ① Path    ② 간공기    ③ ET

**12.** 다음은 네트워크 공정표의 용어 해설이다. 알맞은 용어를 쓰시오.(기사 98-5)

> ① 임의의 결합점에서 최종 결합점에 이르는 경로 중 시간적으로 가장 긴 경로를 통과하여 종료시각에 될 수 있는 개시시각
> ② 임의의 두 결합점 간의 경로 중 소요시간이 가장 긴 경로

**13.** 다음은 화살형 네트워크에 관한 설명이다. 해당되는 용어를 쓰시오.(산업 97-9, 기사 96-7, 15-7)

> 가) 프로젝트를 구성하는 작업단위 :
> 나) 화살선으로 표현을 할 수 없는 작업의 상호관계를 표시하는 화살표 :
> 다) 작업의 여유시간 :
> 라) 결합점이 가지는 여유시간 :
> 마) 공사 진행 중 공기 단축 시 드는 금액을 1일별로 분할 계산한 것 :

**14.** 다음 설명이 뜻하는 용어를 쓰시오.(산업 96-7, 01-11, 기사 00-11)

① 가장 빠른 시각에 시작하여 가장 늦은 시각으로 완료할 때 생기는 여유시간
② 네트워크 공정표에서 개시 결합점에 이르는 가장 긴 경로
③ 가장 빠른 개시시각에 작업을 시작하고 후속작업도 가장 빠른 개시시각에 시작해도 존재하는 여유시간
④ 네트워크 공정표에서 작업의 상호관계를 연결시키는 데 사용하는 점선 화살표

**15.** 공정표상에서 주공정선(critical path)에 대해 기술하시오.(산업 96-9, 12-10)

**16.** 다음 용어를 간단히 설명하시오.(산업 96-7, 01-11, 기사 00-11)

> 가) EST :
> 나) 간공기 :
> 다) slack :
> 라) path :

**17.** 다음과 같은 공정계획이 세워졌을 때 네트워크 공정표를 작성하시오.(기사 94-5)

> 1) A, B, C작업은 최초의 작업이다.
> 2) A작업이 끝나면 H, E작업을, C작업이 끝나면 D, G작업을 병행실시한다.
> 3) A, B, D작업이 끝나면 F작업을, E, F, G작업이 끝나면 I작업을 실시한다.
> 4) H, I작업이 끝나면 공사가 완료된다.

**18.** 다음에 주어진 내용으로 네트워크 공정표를 작성하시오.(기사 99-3)

1) A, B, C는 동시에 시작

2) A가 끝나면 D, E, H 시작, C가 끝나면 G, F 시작

3) B, F가 끝나면 H 시작

4) E, G가 끝나면 각각 I, J 시작

5) K의 선행작업은 I, J, H

6) 최종 완료작업은 D, K로 끝낸다.

**19.** 다음은 네트워크 공정표 작성이다. EST, EFT, LST, LFT를 구하시오.
(기사 93-7, 00-4)

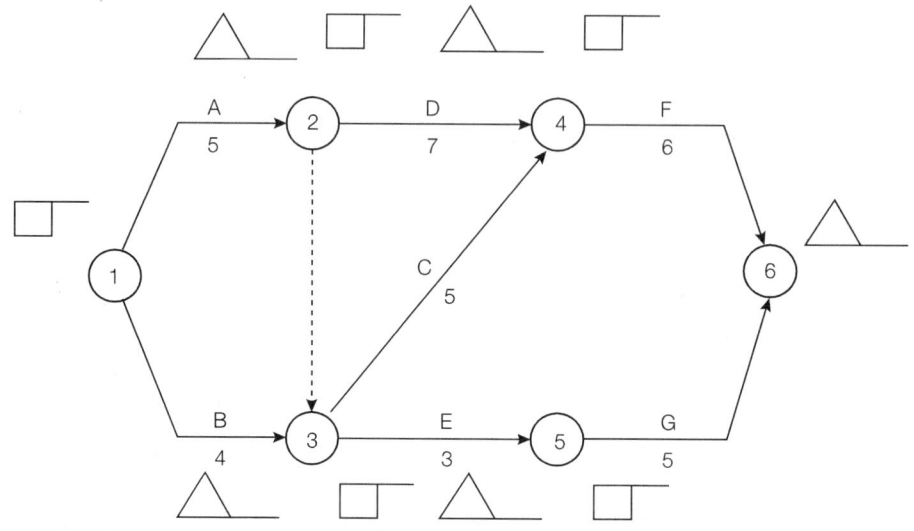

**20.** 다음 데이터로 네트워크 공정표를 작성하고 주공정선은 굵은 선으로 표시하시오.
(산업 99-11, 기사 95-7, 99-7, 01-7)

| 순위 | 작업명 | 선행작업 | 작업일수 | 비 고 |
|---|---|---|---|---|
| 1 | A | 없음 | 5 | 각 결합점 일정 계산은 PERT 기법에 의거 다음과 같이 계산한다. |
| 2 | B | 없음 | 8 | |
| 3 | C | A | 7 | |
| 4 | D | A | 8 | |
| 5 | E | B, C | 5 | |
| 6 | F | B, C | 4 | |
| 7 | G | D, E | 11 | |
| 8 | H | F | 5 | |

## 21. 다음 자료를 이용하여 네트워크 공정표를 작성하시오.(단, 주공정선은 굵은 선으로 표시한다.)(산업 99-7, 기사 94-10, 01-11)

| 작업명 | 작업일수 | 선행작업 | 비 고 |
|---|---|---|---|
| A | 1 | - | 각 작업의 일정계산은 아래 방법으로 한다. |
| B | 2 | - | |
| C | 3 | - | |
| D | 6 | A, B, C | |
| E | 5 | B, C | |
| F | 4 | C | |

## 22. 다음 네트워크의 C.P를 구하시오.(산업 98-10, 00-4)

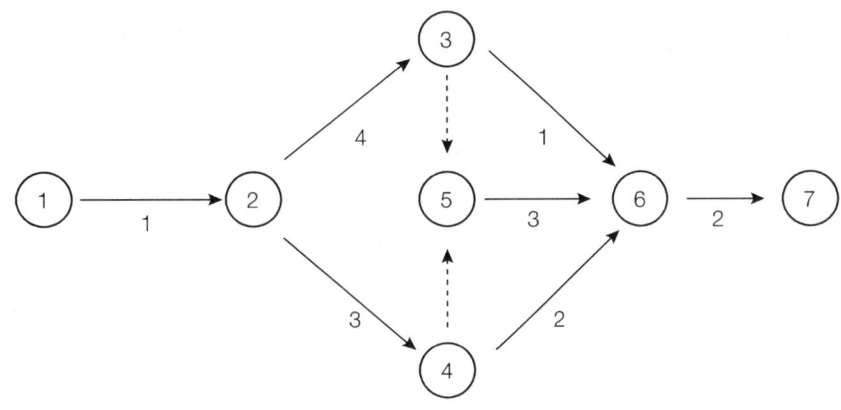

## 23. 다음 자료를 이용하여 네트워크 공정표를 작성하시오.(산업 01-7)

| 작업명 | 선행작업 | 작업일수 | 비 고 |
|---|---|---|---|
| A | 없음 | 3 | |
| B | 없음 | 5 | |
| C | 없음 | 2 | |
| D | A | 4 | |
| E | A, B | 3 | 위의 방법으로 표기하고 주공전선은 굵은 선으로 표시한다. |
| F | A, B, C | 5 | |

**24.** 공정표의 중요 요소 4가지를 쓰시오. (산업 93-7, 00-9, 기사 98-10, 99-3)

① _____
② _____
③ _____
④ _____

**25.** 다음 작업의 네트워크의 공정표를 작성하고 주공정선을 굵은 선으로 표시하시오.
(기사 92-9, 97-4)

| 작업명 | 선행작업 | 작업일수 | 비 고 |
|---|---|---|---|
| A | 없음 | 8 | |
| B | 없음 | 9 | |
| C | A | 9 | EST│LST  △LFT│EFT |
| D | B, C | 6 | |
| E | B, C | 5 | i ─작업 명/공사일수─> j |
| F | D, E | 2 | |
| G | D | 5 | 위의 방법으로 표기한다. |
| H | F | 3 | |

**26.** 다음 작업의 네트워크의 공정표를 작성하고 주공정선을 굵은 선으로 표시하시오.
(기사 95-10, 98-10, 99-11)

| 작업명 | 선행작업 | 작업일수 | 비 고 |
|---|---|---|---|
| A | 없음 | 5 | 각 결합점 일정 계산은 PERT 기법에 의거 다음과 같이 계산한다. |
| B | 없음 | 4 | |
| C | 없음 | 3 | ET│LT |
| D | 없음 | 4 | |
| E | A, B | 2 | ─작업 명/공사일수─> j ─작업 명/공사일수─> |
| F | B | 1 | |

**27.** 다음 주어진 데이터를 보고 네트워크의 공정표를 작성하고 주공정선을 굵은 선으로 표시하시오.(기사 95-10, 98-10, 99-11)

| 작업명 | 선행작업 | 작업일수 | 비 고 |
|---|---|---|---|
| A | 없음 | 4 | |
| B | 없음 | 8 | |
| C | A | 11 | |
| D | C | 2 | |
| E | B, J | 5 | |
| F | A | 14 | |
| G | B, J | 7 | |
| H | C, G | 8 | |
| I | D, E, F, H | 9 | |
| J | A | 6 | |

위의 방법으로 표기한다.

**28.** 다음 데이터를 보고 공정표를 만들고 C.P를 표시하시오.(기사 93-10, 94-7, 96-5, 98-7, 00-9)

| 작업명 | 선행작업 | 작업일수 | 비 고 |
|---|---|---|---|
| A | 없음 | 2 | |
| B | A | 6 | |
| C | A | 5 | |
| D | 없음 | 4 | |
| E | B | 3 | |
| F | B, C, D | 7 | |
| G | D | 8 | |
| H | E, F, G | 6 | |
| I | F, G | 8 | |

위의 방법으로 표기하고 주공정선은 굵은 선으로 표시한다.

**29.** 정상공기가 13일일 때 공사비는 170,000원이고 특급 시공 시 공사기일은 10일, 공사비는 320,000원이다. 이 공사의 공기단축 시 필요한 비용구배를 구하시오.(기사 97-11, 15-11)

**30.** 공사의 기간을 5일 단축하려고 한다. 최적 총 추가비용을 구하시오.(산업 07-4, 15-4)

| 구분 | 표준공기 | 표준비용 | 급속공기 | 급속비용 |
|---|---|---|---|---|
| A | 3 | 60,000 | 2 | 90,000 |
| B | 2 | 30,000 | 1 | 50,000 |
| C | 4 | 70,000 | 2 | 100,000 |
| D | 3 | 50,000 | 1 | 90,000 |

**31.** 최적공기에 대하여 총공사비 곡선을 그리고 설명하시오.(산업 08-7)

**32.** 다음 공정표에 제시된 작업일수를 근거로 하여 공정표를 완성하시오.(기사 12-4)

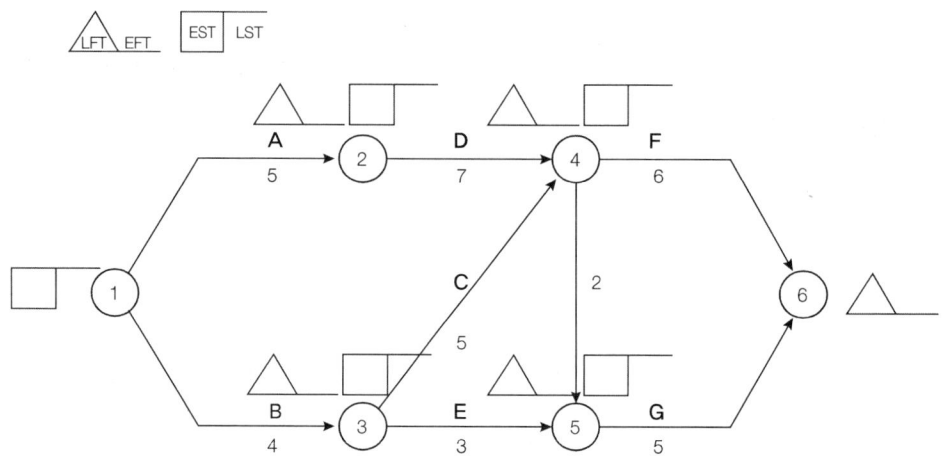

**33.** 네트워크 공정표의 주공정선을 찾고 공사완료에 필요한 최종일수를 구하시오.
(기사 12-7)

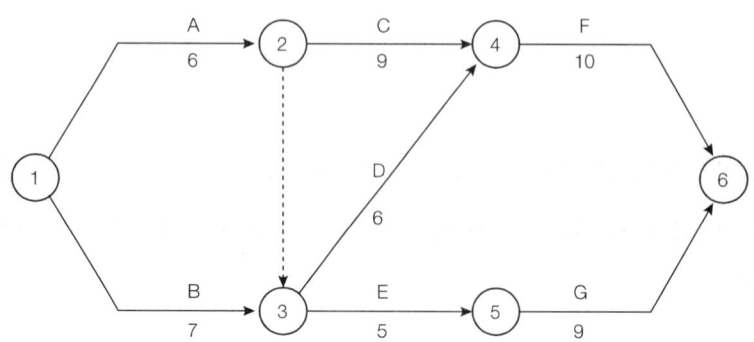

**34.** 횡선식 공정표와 사선식 공정표의 장점을 보기에서 고르시오.(기사 11-11, 15-7)

> 가. 공사의 기성고를 표시하는 데 편리하다.
> 나. 각 공정별 전체의 공정시기가 일목요연하다.
> 다. 각 공정별 착수 및 종료일이 명시되어 판단이 용이하다.
> 라. 공사의 지연에 조속히 대처할 수 있다.

1) 횡선식 :

2) 사선식 :

**35.** PERT 기법에 의한 공정관리에 있어서 기대시간 추정은 3점 추정에 의한 다음 식으로 산정하는데 식에서 제시한 각 번호는 무슨 시간에 해당하는가?(기사 11-11)

$$기대시간 = \frac{(\text{①}) + 4(\text{②}) + (\text{③})}{6}$$

**36.** 다음 자료를 이용하여 네트워크 공정표를 작성하시오.(단, 주공정선은 굵은 선으로 표시한다.)(기사 11-7, 17-11)

| 작업명 | 선행작업 | 작업일수 | 비 고 |
|---|---|---|---|
| A | 4 | – | 각 작업의 일정계산 표시방법은 아래 방법으로 한다. |
| B | 2 | – | |
| C | 3 | – | EST / LST / LFT / EFT |
| D | 2 | A, B | |
| E | 4 | A, B, C | i → j (작업명 / 공사일수) |
| F | 3 | A, C | |

**37.** 어느 건설공사의 한 작업을 정상적으로 시공할 때 공사기일은 10일, 공사비는 10,000,000원이고 특급으로 시공할 때 공사기일은 6일, 공사비는 14,000,000원이라 할 때 이 공사의 공기단축 시 필요한 비용구배(cost slope)를 구하시오.
(기사 10-10, 13-7, 17-6)

**38.** 다음 조건을 보고 네트워크 공정표를 작성하시오.(산업 12-7)

| 작업명 | 선행작업 | 작업일수 | 비 고 |
|---|---|---|---|
| A | 5 | – | 각 작업의 일정계산 표시방법은 아래 방법으로 한다. |
| B | 4 | – | |
| C | 5 | A, B | |
| D | 7 | A | |
| E | 3 | A, B | |
| F | 6 | C, D | |
| G | 5 | E | |

**39.** 다음 공정표에서 ② → ④의 전체여유일은 며칠인지 구하시오.(산업 11-10)

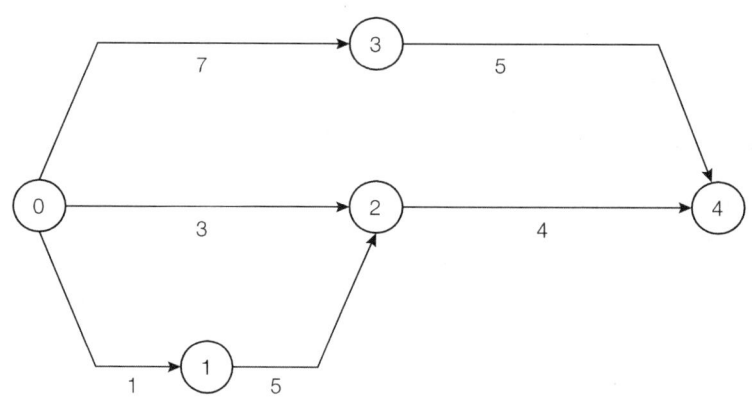

**40.** 다음 자료를 이용하여 네트워크 공정표를 작성하시오.(단, 주공정선은 굵은 선으로 표시한다.)(산업 11-7)

| 작업명 | 작업일수 | 선행작업 | 비 고 |
|---|---|---|---|
| A | 3 | – | 각 작업의 일정계산 표시방법은 아래 방법으로 한다. |
| B | 5 | – | |
| C | 2 | – | |
| D | 3 | B | |
| E | 4 | A, B, C | |
| F | 2 | C | |

## 41. 다음 자료를 이용하여 네트워크 공정표를 작성하시오.(단, 주공정선은 굵은 선으로 표시한다.)(기사 13-4)

| 작업명 | 선행작업 | 작업일수 | 비 고 |
|---|---|---|---|
| A | - | 2 | 각 작업의 일정계산 표시방법은 아래와 같이 한다. |
| B | - | 1 | |
| C | - | 4 | |
| D | A, B, C | 3 | |
| E | B, C | 6 | |
| F | C | 5 | |

## 42. 다음 공사의 공기단축 시 필요한 비용구배를 구하시오.(기사 13-11, 18-11)

| | 공기 | | 비용 | |
|---|---|---|---|---|
| | 표준 | 급속 | 표준 | 급속 |
| A공사 | 12일 | 8일 | 8만원 | 15만원 |
| B공사 | 10일 | 6일 | 6만원 | 10만원 |

## 43. 어느 공사의 한 작업이 정상적으로 시공할 때 공사기일은 10일이 소요되고 공사비는 100,000원이 쓰인다. 이 공사를 특급 시공할 때 공사기일은 7일이 소요되며 공사비는 30,000원 추가될 때 이 공사의 공기 단축시에 필요한 비용구배(cost slope)를 구하시오.(기사 14-4, 16-11)

## 44. MCX(Minimum cost expediting) 이론에 대하여 간략히 설명하시오.(기사 15-4)

**45.** 다음 (    ) 안에 적합한 용어를 써넣으시오.(산업 14-7)

> PERT Network에서 (  ①  )는 하나의 Event에서 다음 Event로 가는데 필요한 작업을 의미하며 (  ②  )을 소비하는 부분으로 물자를 필요로 한다.

**46.** 다음 공정표를 보고 주공정선(CP)를 찾으시오.(산업 14-10)

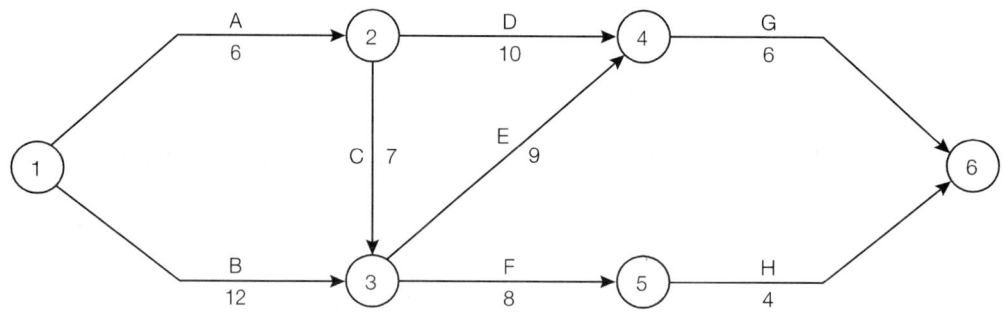

**47.** 공정표에서 작업 상호간 연간관계만 나타내는 명목상의 작업인 더미의 종류를 3가지 쓰시오.(산업 14-10)

**48.** 정상적으로 시공될 때 공사기일은 15일, 공사비는 1,000,000원이고 특급으로 시공할 때 공사기일은 10일, 공사비는 1,500,000원이라면 공기 단축시 필요한 비용구배(cost slope)를 구하시오.(기사 14-7)

## 49. 다음 보기를 읽고 각 항목에 해당하는 네트워크 공정표 용어를 연결하시오. (기사 14-7)

> 〈보기〉 ㉠ TF와 FF의 차
> ㉡ 프로젝트의 지연 없이 시작될 수 있는 작업의 최대 늦은 시간
> ㉢ 작업을 EST로 시작하고, LFT로 완료할 때 생기는 여유시간
> ㉣ 개시결합점에서 종료결합점에 이르는 가장 긴 패스
> ㉤ 후속작업의 EST에 영향을 주지 않는 범위 내에서 한 작업이 가질 수 있는 여유시간, 즉 각 작업의 지연가능일수

① TF - (   )  ② FF - (   )  ③ DF - (   )  ④ CP - (   )  ⑤ LST - (   )

## 50. 다음 각 공사의 비용구배를 구하고, 비용구배가 가장 큰 작업부터 순서대로 나열하시오. (기사 14-11, 18-4)

| 구분 | 표준공기 | 표준비용 | 급속공기 | 급속비용 |
|---|---|---|---|---|
| A | 4 | 6,000 | 2 | 9,000 |
| B | 15 | 14,000 | 14 | 16,000 |
| C | 7 | 5,000 | 4 | 8,000 |

## 51. 어느 건축공사의 한 작업이 정상적으로 시공할 때 공사기일은 13일이 소요되고 공사비는 200,000원이 쓰인다. 이 공사를 특급 시공할 때 공사기일은 10일이 소요되며 공사비는 350,000이라면, 이 공사의 공기 단축시에 필요한 비용구배(cost slope)를 구하시오. (기사 16-4)

## 52. 다음 자료를 이용하여 네트워크 공정표를 작성하시오. (기사 15-11)

| 작업명 | 작업일수 | 선행작업 | 비 고 |
|---|---|---|---|
| A | 4 | - | 각 작업의 일정계산은 아래 방법으로 한다. |
| B | 2 | - | |
| C | 3 | - | EST LST / LFT EFT |
| D | 2 | A, B | |
| E | 4 | A, B, C | i —작업명/공사일수→ j |
| F | 3 | A, C | |

**53.** 다음 표를 보고 공정표를 완성하고, CP를 굵은 선으로 표시하시오.(산업 15-7)

| 작업명 | 작업일수 | 선행작업 |
|---|---|---|
| A | 4 | – |
| B | 3 | – |
| C | 2 | A |
| D | 4 | B, C |
| E | 5 | A |
| F | 3 | D |
| G | 5 | D |
| H | 7 | B, C, E, F |

**54.** 네트워크 공정에서 사용되는 다음 용어에 대해 설명하시오.(산업 16-6)

① EST  ② EFT  ③ LST  ④ LFT

**55.** 벽돌 5,000장을 하루 동안 편도거리 90m 운반하려 한다. 다음 표를 보고 필요한 인부 수를 계산하시오.(기사 15-11)

| 벽돌 1장 무게 | 질통 용량 | 보행속도 | 상하차 시간 | 1일 작업시간 |
|---|---|---|---|---|
| 1.9kg | 60kg | 60m/분 | 3분 | 8시간 |

**56.** 네트워크 공정표에 사용되는 더미(dummy)에 대해 간략히 설명하시오.(산업 15-4)

**57.** 다음 표를 보고 공정표를 완성하시오.(기사 17-4)

| 작업명 | 선행작업 | 작업일수 | 비 고 |
|---|---|---|---|
| A | none | 5 | |
| B | none | 4 | EST│LST  LFT│EFT |
| C | none | 3 | |
| D | none | 8 | i →(작업명/공사일수)→ j |
| E | A, B | 3 | 위의 방법으로 표기하고 주공정선은 굵은 선으로 |
| F | B | 2 | 표시한다. |

## 해 답

1. ① 각 공정별 공사와 전체의 공정시기 등이 일목요연하다.
   ② 각 공정별 공사의 착수 및 완료일이 명시되어 판단이 용이하다.
   ③ 공정표가 단순하여 경험이 적은 사람도 이해하기 쉽다.

2. 열기식 공정표

3. ① 전체 기성고 파악이 용이하다.
   ② 자재, 장비, 노무의 수배가 용이하다.
   ③ 공사지연에 따른 신속한 대책을 세울 수 있다.

4. 횡선식 공정표, 사선식 공정표, 네트워크 공정표, 열기식 공정표

5. ① 공사계획의 전모와 공사 전체의 파악이 용이하다.
   ② 계획단계에서 문제점 파악이 가능하여 작업 전에 수정이 가능하다.
   ③ 작업 간의 상호관계가 명확하게 표시된다.

6. 가)-①, 나)-②, 다)-③, 라)-④

7. 1) 작업을 시작할 수 있는 가장 빠른 시일
   2) 최초의 개시 결합점에서 완료 결합점에 이르는 최장경로
   3) 작업을 가장 빠른 개시일에 시작하고 후속 작업도 가장 빠른 개시일에 시작하여도 남는 여유시간
   4) 임의의 결합점에서 최종 결합점에 이르는 경로 중 시간적으로 가장 긴 경로를 통과하여 종료시각에 맞출 수 있는 개시시각

8. ① 공사계획의 전모와 공사 전체의 파악이 용이하다.
   ② 각 작업의 흐름을 분해하여 작업 상호관계가 명확하게 표시된다.
   ③ 계획단계에서 문제점이 파악되므로 작업 전에 수정이 가능하다.
   ④ 주공정선(C.P)이 명확하다.

9. ① 더미   ② EST   ③ TF

10. TF(전체여유), FF(자유여유), DF(종속여유 혹은 간섭여유), IF(독립여유)

11. ① 네트워크 중 임의의 둘 이상의 작업을 연결한 경로
    ② 임의결합점에서 완료시점에 이르는 최장패스의 소요시간
    ③ 개시결합점에서 대상결합점에 이르는 경로 중 가장 긴 경로를 통과하여 가장 빨리 도달되는 결합점 시일

12. ① LT   ② LP

13. 가) 작업(job)   나) 더미(dummy)   다) 플로트(float)   라) 슬랙(slack)   ㉮ 비용구배

**14.** ① TF  ② CP  ③ FF  ④ 더미

**15.** 개시 결합점에서 종료 결합점에 이르는 가장 긴 패스

**16.** 가) 작업을 시작하는 가장 빠른 시간
나) 어떤 결합점에서 완료시점에 이르는 최장 패스의 소요시간
다) 결합점이 가지는 여유시간
라) 네트워크 중 둘 이상의 작업의 이어짐

**17.**

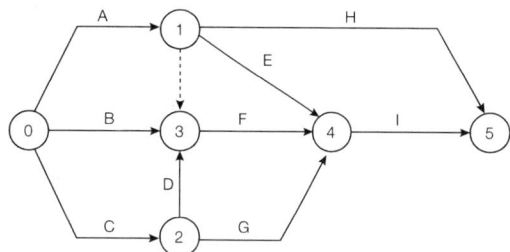

**18.**

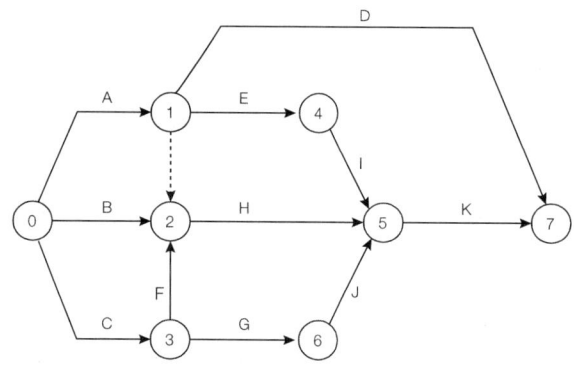

**19.**

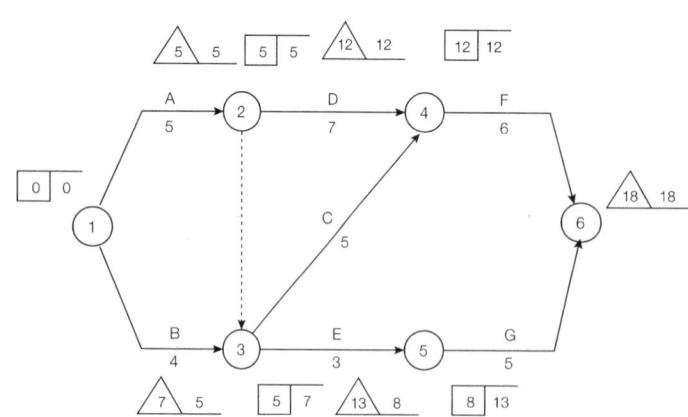

**20.**

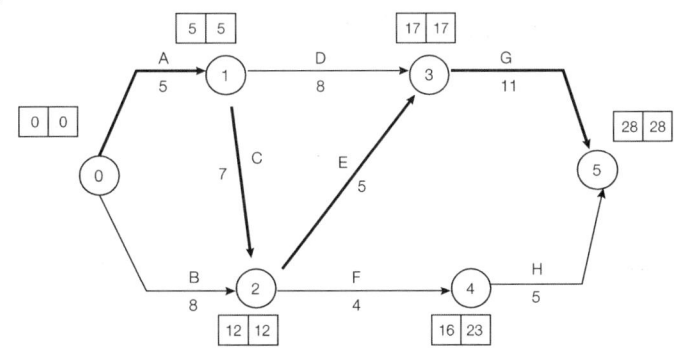

CP = A → C → E → G

**21.**

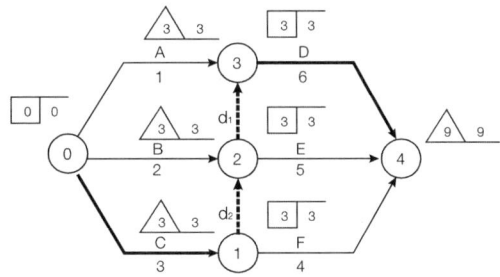

**22.** ① → ② → ③ → ⑤ → ⑥ → ⑦

**23.**

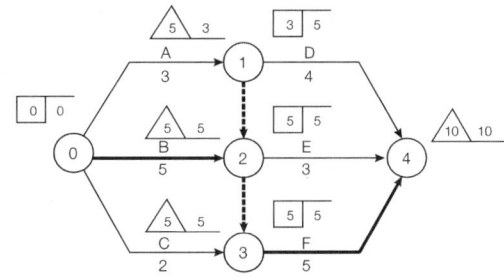

**24.** ① 공정의 원칙  ② 연결의 원칙  ③ 단계의 원칙  ④ 활동의 원칙

**25.**

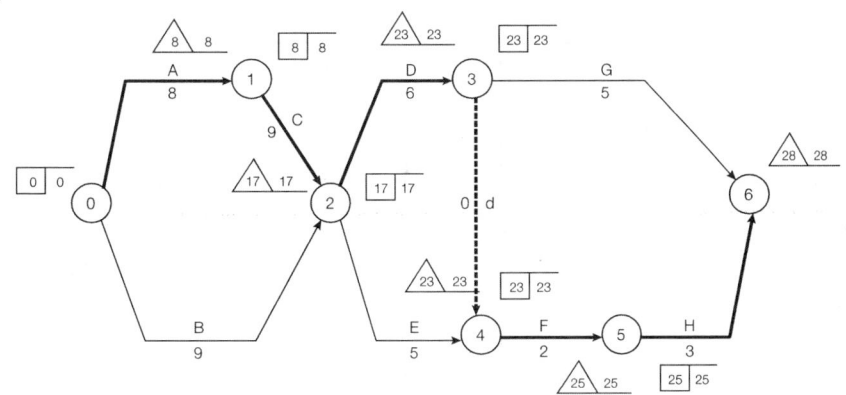

CP = A → C → D → G 또는
A → C → D → d → F → H (주공정선이 2개이다.)

**26.**

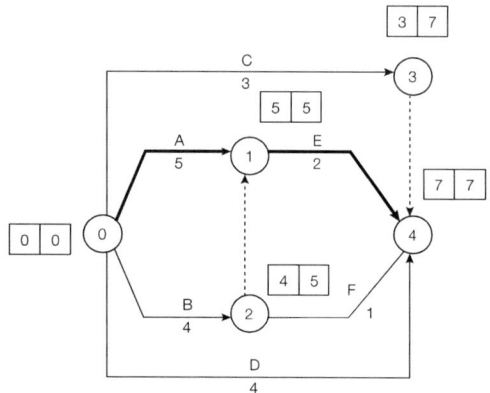

CP : A → E

**27.**

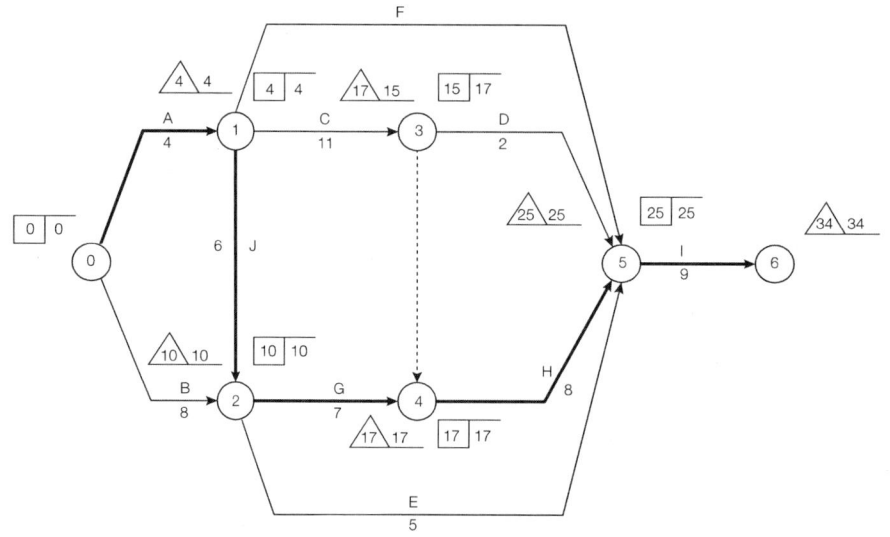

CP : A → J → G → H → I

**28.**

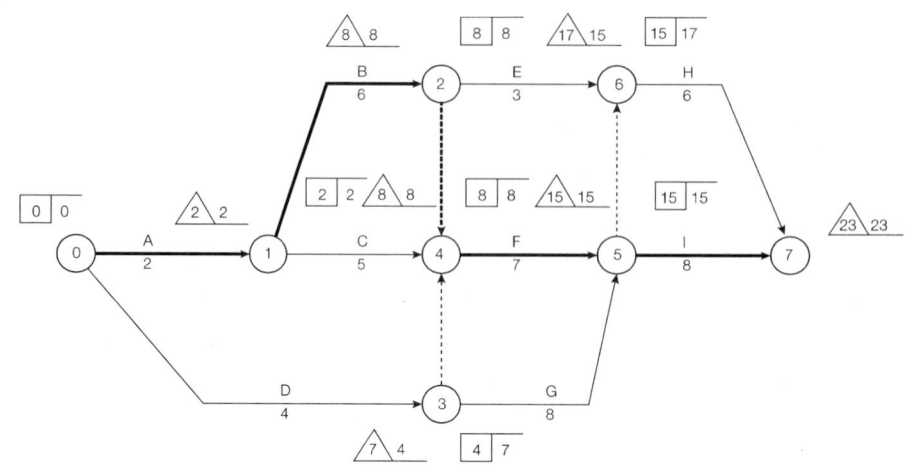

**29.** 비용구배=(특급비용-표준비용/표준공기-특급공기)

= (320,000원-170,000원)/(13일-10일)=150,000원/3일

= **50,000원/일**

**30.** ※ 비용구배가 적은 작업부터 축소해 나간다.

A의 비용구배=(90,000-60,000)/(3-2)=30,000/일

B의 비용구배=(50,000-30,000)/(2-1)=20,000/일

C의 비용구배=(10,000-70,000)/(4-2)=15,000/일

D의 비용구배=(90,000-50,000)/(3-1)=20,000/일

C의 비용구배가 가장 적고, B와 D가 다음으로 적으므로 C와 D를 2일, B를 1일 줄인다.

따라서, 추가비용은 30,000+40,000+20,000=**90,000원**

**31.**

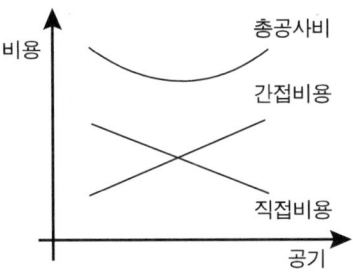

공사비는 직접비와 간접비로 나누어지며 두 합이 총공사비이다. 직접비는 재료비, 노무비 등으로 시공속도가 빠르면 공기는 단축되고 직접비는 증가하며 공기가 길어지면 직접비는 줄어든다. 간접비는 관리비, 공통가설비 등으로 공기가 단축되면 간접비는 줄어든다. 이 둘의 합이 최소가 되는 지점을 최적공기라 한다.

**32.**

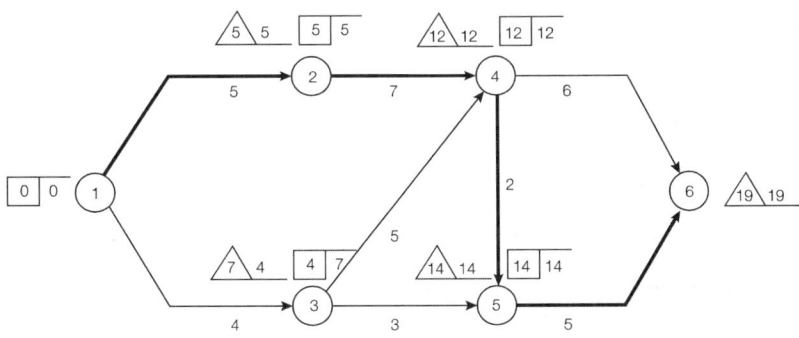

CP : ① → ② → ④ → ⑤ → ⑥

**33.** CP : A → C → F    총 소요일 : 25

**34.** 1) 횡선식 : 나, 다

2) 사선식 : 가, 라

**35.** ① $t_o$(낙관시간)   ② $t_m$(정상시간)   ③ $t_p$(비관시간)

**36.**

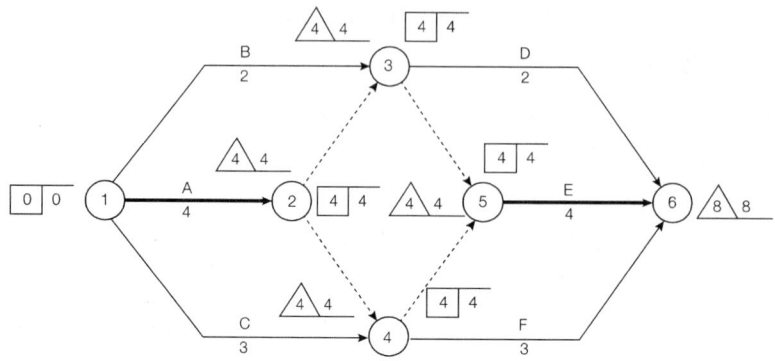

CP : A → E

**37.** 비용구배 $= \dfrac{\text{특급비용} - \text{표준비용}}{\text{정상공기} - \text{특급공기}}$

$= \dfrac{14,000,000 - 10,000,000}{10\text{일} - 6\text{일}}$

$= \dfrac{4,000,000}{4\text{일}} = 1,000,000$원/일

**38.**

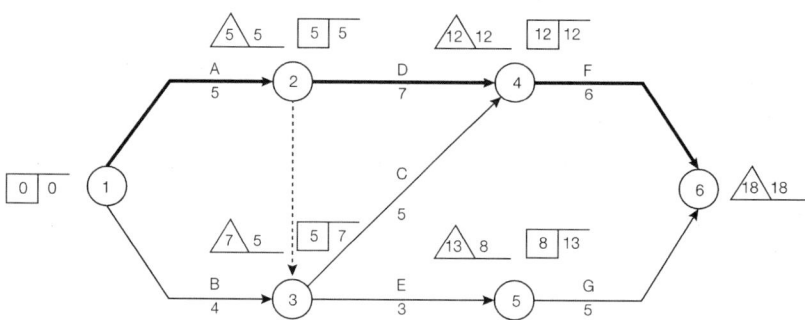

CP : A → D → F

**39.** TF=LFT−EFT=12−10=2일

**40.**

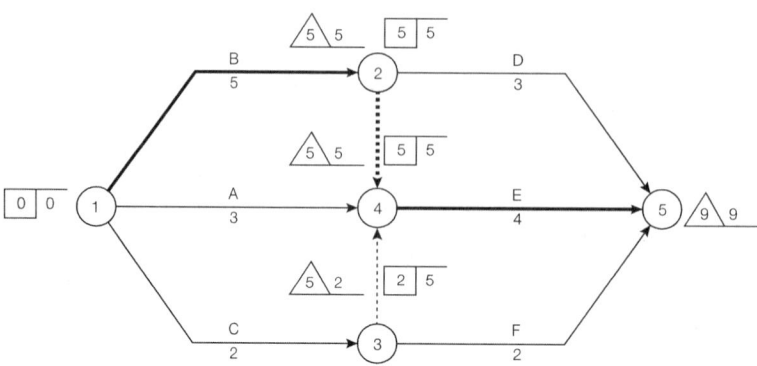

CP : B → E

**41.**

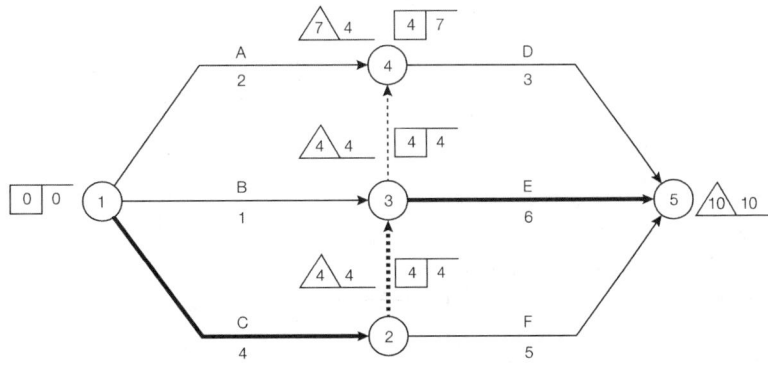

CP : C → E (① → ② → ③ → ⑤)

**42.** A공사 비용구배=$\dfrac{150{,}000-80{,}000}{12-8}=\dfrac{70{,}000}{4}$=17,500원/일

B공사 비용구배=$\dfrac{100{,}000-60{,}000}{10-6}=\dfrac{40{,}000}{4}$=10,000원/일

**43.** 비용구배=30,000원 / 10일－7일=10,000원/일

**44.** 최소의 비용으로 최적 공기를 구하는 이론으로 최적시공속도 또는 경제속도를 구하는 이론이다.

**45.** ① Activity   ② 시간

**46.** •CP=A → C → E → G 또는 ① → ② → ③ → ④ → ⑥

**47.** ① 넘버링 더미(순번적 더미)  ② 로지컬 더미(논리적 더미)  ③ 타임랙 더미

**48.** 비용구배=$\dfrac{1{,}500{,}000-1{,}000{,}000}{15일-10일}=\dfrac{500{,}000}{5일}$=100,000원/일

**49.** ①-㉢, ②-㉤, ③-㉠, ④-㉣, ⑤-㉡

**50.** •A의 비용구배=$\dfrac{9{,}000-6{,}000}{4-2}$=1,500원/일

•B의 비용구배=$\dfrac{16{,}000-14{,}000}{15-14}$=2,000원/일

•C의 비용구배=$\dfrac{8{,}000-5{,}000}{7-4}$=1,000원/일

∴ B → A → C

**51.** 비용구배 = $\dfrac{350,000원 - 200,000원}{13일 - 10일} = \dfrac{150,000원}{3일} = 50,000원/일$

**52.**

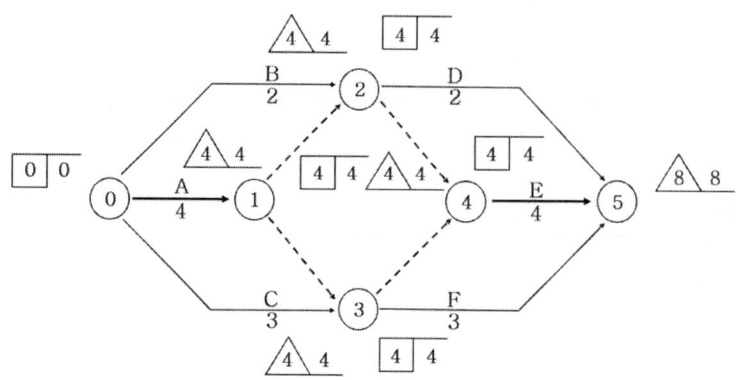

CP : A → E

**53.**

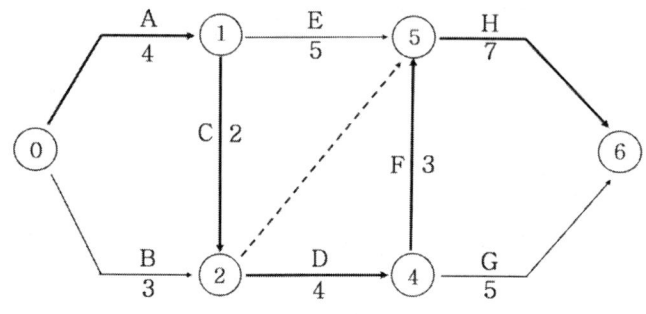

CP : A → C → D → F → H

**54.** ① 작업을 시작하는 가장 빠른 시각

② 작업을 끝낼 수 있는 가장 빠른 시각

③ 공기에 영향이 없는 범위에서 작업을 가장 늦게 시작해도 되는 시각

④ 공기에 영향이 없는 범위에서 작업을 가장 늦게 완료해도 되는 시각

**55.** ◦ 1회 왕복거리=90m×2=180m

◦ 1회 운반량=60kg÷1.9kg=31.578≒31장

 (※ 초과되는 양을 담을 수는 없으므로 소수점 이하 버림)

◦ 회당 총 운반시간=왕복 이동시간+상하차시간=(180m÷60m/분)+3분=6분

◦ 1일 작업시간 당 왕복횟수=480분÷6분=80회

◦ 1인당 총 운반량=80회×31장=2,480장

∴ 필요 인부 수=5,000장÷2,480장=2.016≒3인

 (※ 사람 수를 구해야 하므로 소수점 이하 올림)

**56.** 작업 상호관계를 연결시키는 점선 화살표로 명목상 작업이나 시간적 요소는 없다.

## 57.

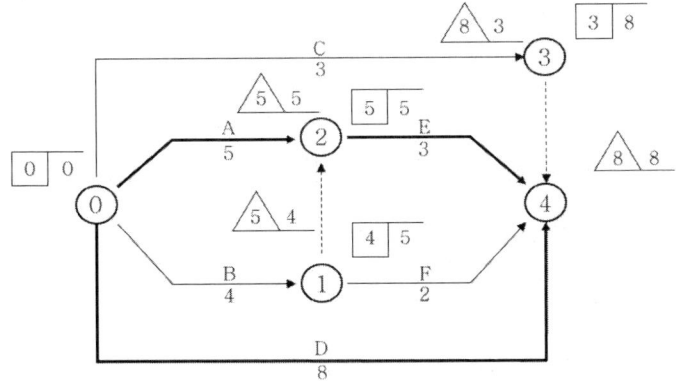

CP) Activity : A → E and D

Event : ⓪ → ② → ④ and ⓪ → ③ → ④

# 제12장 품질관리 및 재료검수

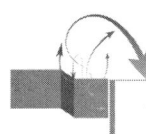

## 1. 관리의 내용

### 1) 관리의 정의

설정된 목표 달성을 위하여 활동을 하며 목표에서 벗어나면 수정하는 과정을 거쳐 목표대로의 결과를 얻게 하는 일련의 활동이다.

### 2) 관리 사이클 4단계

계획(Plan) → 실시(Do) → 검토(Check) → 시정(Action)

### 3) 관리의 제반요인

① 자원 또는 재료(Material) ┐
② 인력 또는 노무(Man)      │
③ 장비 또는 기계(Machine)   ├ 4M
④ 자금(Money)              ┘
⑤ 관리(Management) 또는 시공법(Method)
⑥ 기억(Memory)

### 4) 품질관리의 일반적 순서

① 품질의 특성을 정한다.
② 품질의 표준을 정한다.
③ 작업의 표준을 정한다.
④ 품질조사 → 실시
⑤ 수정조치 → 검토
⑥ 수정조치의 조사 → 시정

## 5) 관리의 목표 및 수단

① 관리의 3대 목표
  ㉠ 품질관리
  ㉡ 공정관리
  ㉢ 원가관리

② 수단이 되는 관리
  ㉠ 인력관리
  ㉡ 자금관리
  ㉢ 자원관리
  ㉣ 장비관리

③ VE(Value Engineering) : 공업생산의 원가관리 수법의 하나

$$VE = \frac{기능(Function)}{비용(Cost)} = 가치(Value)$$

- Cost : Life Cycle Cost. 건축물의 기획, 설계, 시공 및 유지관리, 해체까지 소요되는 전생애 비용
- Fuction : Utillity, Service, Quality

## 6) T.Q.C(Total Quality Control) - 종합적 품질관리

공사 중 발생하는 하자를 줄이기 위해서는 그에 대한 정보를 모아서 방지대책을 세우는 것이 중요하다. 이러한 데이터를 적정하게 판단하는 도구에는 다음과 같은 것이 있다.

① 히스토그램 : 계량치의 데이터 분포 파악을 위해 작성하는 도표

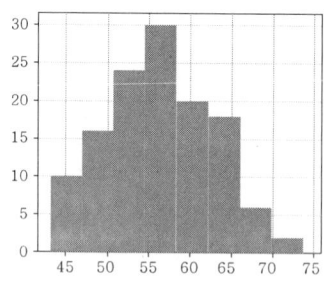

② 특성요인도 : 원인과 결과의 발견을 한 눈에 보기 쉽게 나뭇가지 형상으로 작성하는 그림

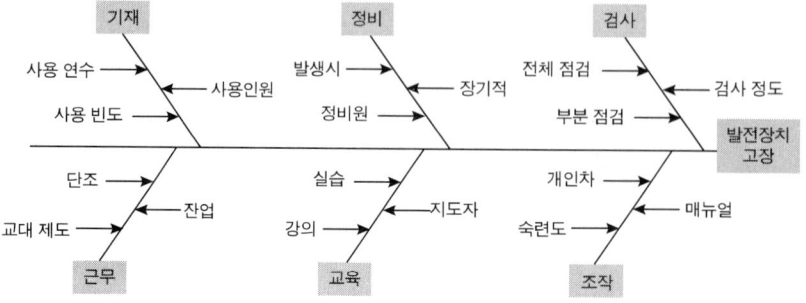

③ 파레토도 : 가로축에 불량, 결점 등의 내용, 원인을 나열하고 세로축에 발생건수를 표시하여 막대그래프를 작성 후 누진비율을 꺾인선 그래프로 표시한다.

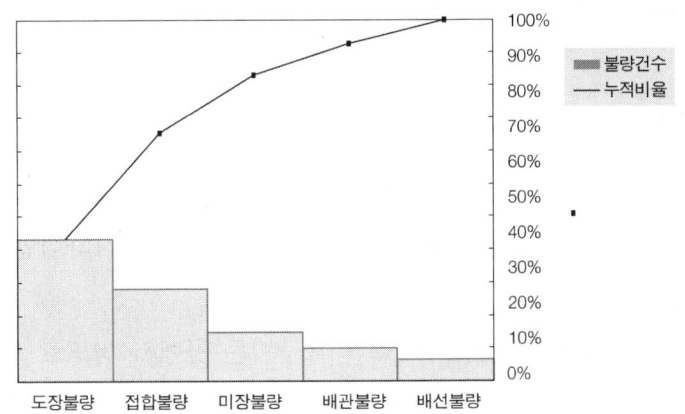

④ 산점도 : 재료가 가진 두 변수 간의 상관관계를 나타내는 도표

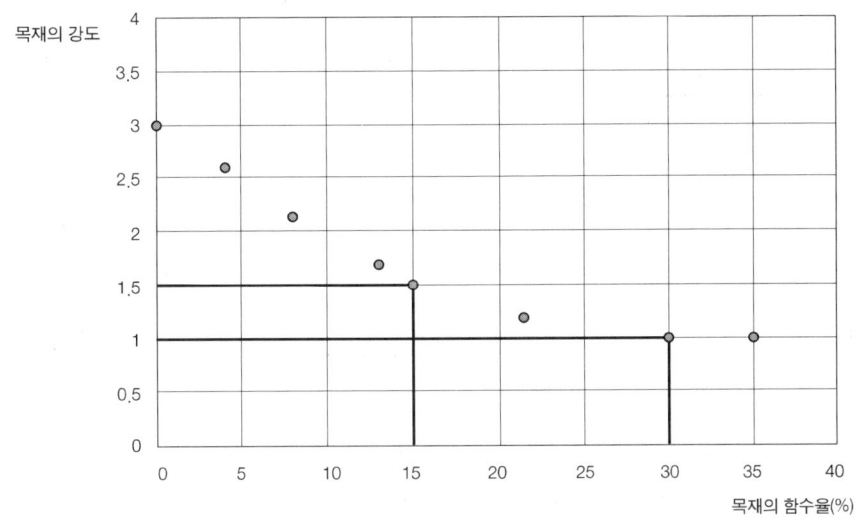

⑤ 관리도 : 가로축에 일시, 세로축에 치수, 강도, 불량률 등 관리의 대상항목을 잡고 중심선의 상하에 이상 유무를 판단하기 위한 관리한계선을 설치하여 그린 도표
⑥ 체크시트 : 점검 목적에 맞추어 미리 작성하는 시트. 불량 수나 결점 등 셀 수 있는 데이터를 분류한 후 항목별로 나누었을 때 어디에 집중이 되어 있는지를 알기 쉽게 표나 그림으로 나타낸 것이다.
⑦ 층별 : 집단을 구성하는 데이터를 특징에 따라 몇 개의 부분집단으로 나누는 것으로 각 요인에 따른 불량 점유율을 파악하기 쉬운 자료이다.

## 2. 재료검수 및 관리

### 1) 비강도와 경제강도

① 재료의 강도를 비중량으로 나눈 값을 비강도라 한다.
② 강도를 $kg/mm^2$, 비중량(단위부피당 무게)을 $kg/mm^3$로 나타내면 비강도는 mm, cm로 표시된다.
③ 항공기, 선박 등 가볍고 튼튼한 재료가 요구되는 곳에서 척도로 쓰인다.
④ 경제강도는 파괴강도를 허용강도로 나눈 것으로 안전율이라고도 한다.

### 2) 목재관리

① 평균연륜폭, 연륜밀도

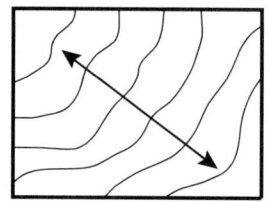

　㉠ 선분의 길이가 Acm이고 선분길이에 들어가는 연륜개수가 n개일 때
　　∴ 평균연륜폭 = A ÷ n(mm/개)
　　ex) 선분의 길이가 6cm라면 연륜의 개수가 6개이므로
　　　　60mm ÷ 6개 = 10mm/개
　㉡ 연륜밀도는 평균연륜폭의 역수이다. 따라서 연륜밀도는
　　6개 ÷ 60mm = 0.1개/mm가 된다.

② 목재의 함수율

　㉠ 함수율(%) = $\dfrac{건조\ 전\ 중량 - 건조\ 후\ 중량}{건조\ 후\ 중량} \times 100(\%)$

　㉡ 함수상태의 구분
　　• 섬유포화점 : 세포 내강의 유리수가 모두 증발하고 세포막에 결합수만 남아 있을 때를 말한다. 목재의 수축 작용은 섬유 포화점보다 수분이 적을 때 생긴다. 이때 함수율은 약 30% 정도이다.
　　• 기건상태 : 목재 내의 수분과 공기 중 수증기가 균형을 이루어 유지되는 함수율의 평균적 상태. 약 15% 정도이다.
　　• 전건상태 : 목재 내 수분이 완전히 건조된 함수율 0%의 상태이다.

## 3) 콘크리트

① 슬럼프 시험 : 슬럼프 콘에 콘크리트를 3회로 나누어 다져넣기한 후 슬럼프 콘을 들어올려서 가라앉은 콘크리트 더미의 최상단 높이와 슬럼프 콘의 높이 차를 통해 콘크리트의 시공연도(Workability)를 확인하는 시험이다.

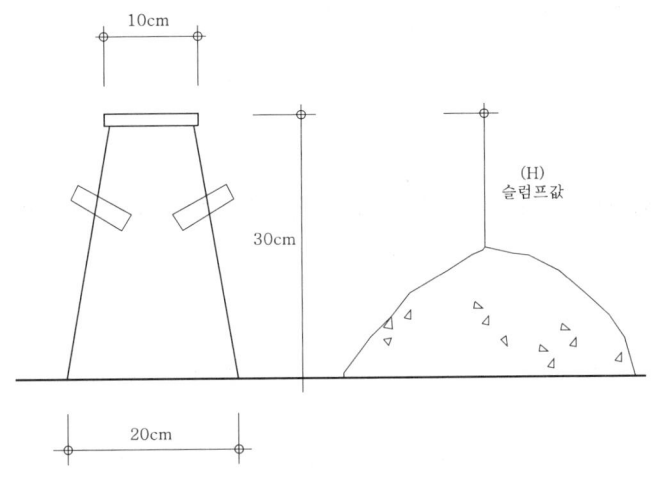

② 골재의 함수상태

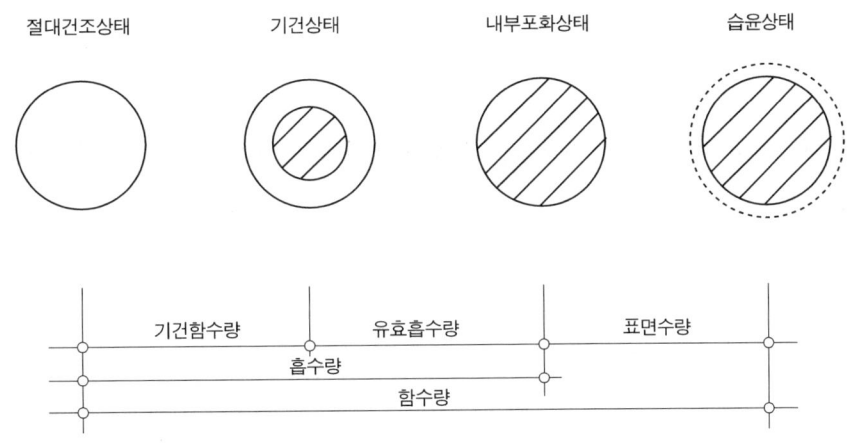

※ 골재의 흡수율

$$흡수율 = \frac{표면건조상태의 \ 중량 - 절건중량}{절건중량} \times 100(\%)$$

③ 압축강도 : 최대하중÷시험체의 단면적($kg/cm^2$)

# 기출 및 예상문제

**1.** 어떤 나무의 절건중량이 250g이며 함수중량은 400g이다. 이때, 나무의 함수율을 구하시오.(산업 95-7)

**2.** 다음은 품질관리에 대한 QC도구의 설명이다. 해당하는 용어를 쓰시오.(기사 11-5, 12-10)

> ① 계량치의 데이터가 어떠한 분포를 하고 있는지 알아보기 위하여 작성하는 그림
> ② 결과에 원인이 어떻게 관계하고 있는가를 한눈에 알아보기 위하여 작성하는 그림
> ③ 불량, 결점, 고장 등의 발생건수를 분류 항목별로 나누어 크기 순서대로 나열한 그림

**3.** 품질관리 검사 4가지 단계를 순서대로 쓰시오. (산업 94-7, 기사 98-10, 00-11, 01-4, 17-6)

① _____
② _____
③ _____
④ _____

**4.** 다음 목재의 연륜의 간격을 구하시오.(산업 95-10)

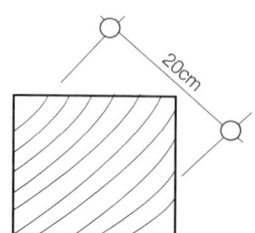

**5.** 다음 목재의 AB구간의 연륜밀도를 구하시오.(산업 96-9, 99-5)

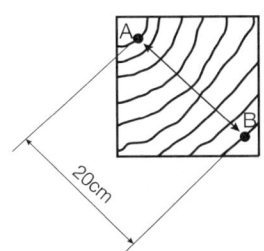

**6.** 품질관리기법에 관한 설명이다. 해당되는 설명에 관계되는 용어를 쓰시오.(기사 15-4)

① 모집단의 분포상태 막대그래프 형식

② 층별요인 특성에 대한 불량 점유율

③ 특성요인과의 관계 화살표

④ 점검목적에 맞게 미리 설계된 시트

**7.** 건축에서 응결과 경화에 대한 내용을 구분하여 설명하시오.(산업 11-4)

가. 응결
나. 경화

**8.** 재료의 성능에 관련한 단열재의 주요 성능 4가지를 쓰시오.(산업 10-4)

① _____
② _____
③ _____
④ _____

**9.** 10cm각, 길이 2m인 목재가 있다. 이 목재의 중량이 15kg이면 목재의 함수율은?(단, 전건비중은 0.5이다.)(산업 00-2)

**10.** 다음 도면과 같은 철근콘크리트조 건축물에서 벽체와 기둥의 콘크리트량을 산출하시오. (산업 10-4)

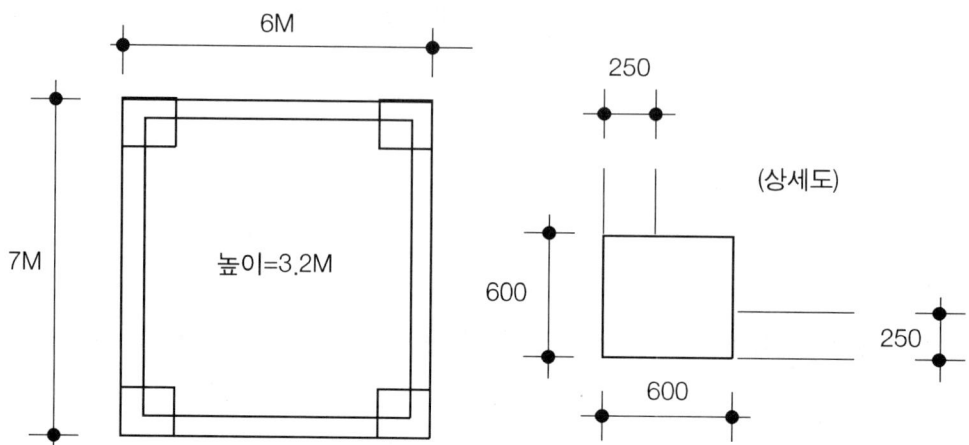

**11.** 비비기와 운반방식에 따른 레디믹스트 콘크리트(Readymixed concrete)의 종류 3가지를 쓰시오.(산업 10-4)

① _____
② _____
③ _____

**12.** 경량 기포콘크리트(ALC/Autoclaved Lightweight Concrete)에 대해 간략히 설명하시오.(기사 12-4, 15-7, 16-11)

**13.** 다음에서 설명하는 콘크리트의 명칭을 써 넣으시오.(건축 03-4, 05-4)

가. 콘크리트면에 미장 등을 하지 않고 직접 노출시켜 마무리한 콘크리트
나. 부재 단면치수가 80cm 이상이며 콘크리트 내외부의 온도차가 25℃ 이상으로 예상되는 콘크리트
다. 건축 구조물이 20층 이상이면서 기둥크기를 작게 하도록 콘크리트 강도를 높게 하는 구조물에 사용되는 콘크리트로서 보통 설계기준 강도가 보통 400kgf/cm² 이상인 콘크리트

**14.** 다음 설명에 해당하는 건축물의 각종 줄눈(Joint)명을 쓰시오.(건축 91-7, 95-10, 02-4)

> ① 콘크리트를 한 번에 계속해서 부어 나가지 못할 경우 생기는 줄눈
> ② 콘크리트 시공 과정 중 휴식기간 등으로 응결하기 시작한 콘크리트에 새로운 콘크리트를 이어치기할 때 일체화가 저해되어 생기는 줄눈
> ③ 지반 등 안정된 위치에 있는 바닥판이 수축에 의하여 표면에 균열이 생길 수 있는데 이것을 막기 위하여 설치하는 줄눈
> ④ 건축물의 온도에 의한 신축팽창, 부동침하 등에 의하여 발생하는 건축의 전체적인 불규칙 균열을 한 곳에 집중시키도록 설계 및 시공 시 고려되는 줄눈

**15.** 길이 6m, 단면 10×10cm인 목재의 건조 전 무게가 15kg이고 절대건조 시 중량이 10.8kg이라면 이 목재의 함수율은 얼마인가?(기사 15-7)

**16.** 철골공사에서 녹막이 칠을 하지 않는 부분 4가지를 쓰시오.(기사 09-4)

① _____
② _____
③ _____
④ _____

**17.** 시멘트벽돌의 압축강도 시험 결과 3개의 벽돌이 각각 14.2t, 14t, 13.8t에서 파괴되었다. 이때 시멘트벽돌의 평균압축강도를 구하시오.(단, 벽돌의 단면적 190mm×90mm)(산업 11-7, 16-4)

**18.** 다음 ( ) 안에 알맞은 용어를 〈보기〉에서 골라 기입하시오.(기사 16-6)

> 〈보기〉 ㉮ 시험체의 단면적   ㉯ 최대하중   ㉰ 시험체의 전단면적

① 벽돌 압축강도 = ( ) / ( )

② 블록 압축강도 = ( ) / ( )

**19.** 아래 도면을 보고 지붕면적을 산출하시오.(단, 지붕물매는 4/10)(산업 16-4)

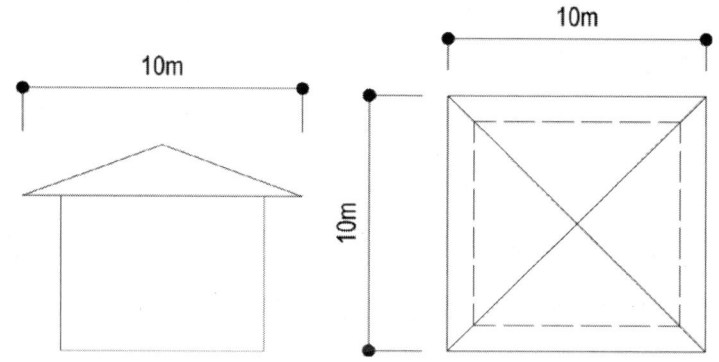

**20.** 종합적 품질관리(TQC) 도구의 종류를 4가지 적으시오.(기사 17-4)

① _____
② _____
③ _____
④ _____

## 해답

1. 함수율 = $\dfrac{\text{건조 전 중량} - \text{건조 후 중량}}{\text{건조 후 중량}} \times 100(\%) = \dfrac{400-250}{250} \times 100(\%) = 0.6 \times 100 = 60(\%)$

2. ① 히스토그램  ② 특성요인도  ③ 파레토도

3. 계획(Plan) → 실시(Do) → 검토(Check) → 시정(Action)

4. 연륜간격 = 선분 길이/연륜 개수 = 200mm/9개 = **22.22(mm/개)**

5. 연륜밀도 = 연륜개수/선분길이 = 8개/20cm = **0.4개/cm**
   ※ 4, 5번 문제에서 연륜(나이테)은 선이 아닌 선과 선 사이의 부분이다.

6. ① 히스토그램  ② 층별  ③ 특성요인도  ④ 체크시트

7. 가. 응결 : 모르타르나 콘크리트가 수화반응에 의해 형체를 유지할 수 있도록 굳어지는 작용

   나. 경화 : 모르타르나 콘크리트가 응결 후 시간의 경과에 따라 강도가 증진되는 현상

8. 보온, 방한, 방서, 결로방지

9. 목재의 전건재 중량 = 전건비중(g/cm³) × 목재의 부피(cm³)
   = 0.5 × 10cm × 10cm × 200cm = 10,000g = 10kg

   ∴ 함수율 = $\dfrac{\text{건조 전 중량} - \text{건조 후 중량}}{\text{건조 후 중량}} \times 100(\%) = \dfrac{15\text{kg} - 10\text{kg}}{10\text{kg}} \times 100(\%) = 50\%$

10. 기둥 콘크리트량 = 0.6 × 0.6 × 3.2 × 4 = 4.608m³ = **4.61m³**
    벽체 콘크리트량 = {(4.8 × 3.2 × 0.25 × 2) + (5.8 × 3.2 × 0.25 × 2)} = **16.96m²**

11. 센트럴 믹스트 콘크리트, 슈링크 믹스트 콘크리트, 트랜싯 믹스트 콘크리트

12. 보통콘크리트 중량의 1/4인 경량으로 기포에 의한 단열성이 우수하여 단열재가 필요 없으며 방음, 차음, 내화 성능이 우수하고 정밀도가 높아 시공 후 변형이나 균열이 적다.

13. 가. 제물치장 콘크리트(Exposed Concrete)
    나. 매스 콘크리트(Mass Concrete)
    다. 고강도 콘크리트(High Strength Concrete)

14. ① 시공 줄눈(construction joint)
    ② 콜드 조인트(cold joint)
    ③ 조절 줄눈(control joint)
    ④ 신축 줄눈(expansion joint)

15. 함수율 = $\dfrac{\text{건조 전 무게} - \text{건조 후 무게}}{\text{건조 후 무게}} \times 100(\%) = \dfrac{15-10.8}{10.8} \times 100(\%) = 38.888$
    ≒ **38.9%**

**16.** ① 현장에서 용접하는 부분(용접부 100mm 이내)
② 콘크리트에 매립되는 부분
③ 조립에 의해 맞닿는 면
④ 고력볼트 마찰접합면
   (기타 : 폐쇄형 단면부재 밀폐면)

**17.** ◦ 1번 벽돌 강도 = $\dfrac{14,200\text{kg}}{19\text{cm} \times 9\text{cm}} = 83.04\text{kg/cm}^2$

◦ 2번 벽돌 강도 = $\dfrac{14,000\text{kg}}{19\text{cm} \times 9\text{cm}} = 81.87\text{kg/cm}^2$

◦ 3번 벽돌 강도 = $\dfrac{13,800\text{kg}}{19\text{cm} \times 9\text{cm}} = 80.7\text{kg/cm}^2$

◦ 평균 압축강도 = $\dfrac{83.04 + 81.87 + 80.7}{3} = 81.87\text{kg/cm}^2$

**18.** ① 벽돌 압축강도 = $\dfrac{(나)}{(가)}$   ② 블록 압축강도 = $\dfrac{(나)}{(다)}$

※ 블록 전단면적 : 속이 빈 공간을 포함한 단면적

**19.** 4개의 지붕 경사면 중 하나의 면적은 (표시된 빗변길이×밑변길이)로 구하면 된다.

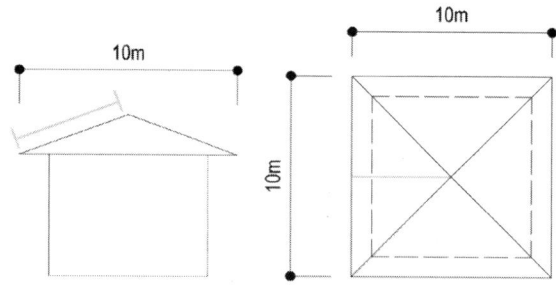

◦ 지붕높이를 $x$라 하면 $x$ : 5=4 : 10이므로 $x$=2m
◦ 표시된 빗변길이를 $y$라 하면 $y^2 = 5^2 + 2^2$이므로 $y=\sqrt{29}$ =5.385m
◦ 지붕면적 = $\dfrac{10\text{m} \times 5.385\text{m}}{2} \times 4 = 107.7\text{m}^2$

**20.** 히스토그램, 특성요인도, 파레토도, 산점도, 체크시트, 관리도, 층별 中 택 4

실내건축기사 산업기사 실기대비 수험서
# 실내건축시공실무

| 1판 1쇄 | 2014년 3월 30일 | 2판 1쇄 | 2015년 5월 30일 |
|---|---|---|---|
| 3판 1쇄 | 2016년 3월 10일 | 4판 1쇄 | 2018년 1월 05일 |
| 4판 2쇄 개정증보판 | 2020년 3월 06일 | | |

**지은이** 이 상 화
**펴낸이** 김 주 성
**펴낸곳** 도서출판 엔플북스
**주 소** 경기도 구리시 체육관로 113번길 45, 114-204(교문동, 두산아파트)
**전 화** (031) 554-9334
**F A X** (031) 554-9335

**등 록** 2009. 6. 16    제398-2009-000006호

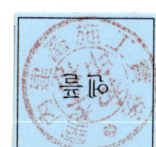

정가 **24,000원**
ISBN  978 - 89 - 6813 - 211 - 7  13540

※ 파손된 책은 교환하여 드립니다.
　본 도서의 내용 문의 및 궁금한 점은 저희 카페에 오셔서 글을 남겨주시면 성의껏 답변해 드리겠습니다.
　http://cafe.daum.net/enplebooks